DEUTSCHE AKADEMIE DER WISSENSCHAFTEN ZU BERLIN

Veröffentlichungen des Geodätischen Instituts in Potsdam

Nr. 31

ZUR ÜBERTRAGUNG DES POTSDAMER SCHWERESYSTEMS

Von

K. REICHENEDER

Mit 14 Abbildungen und 13 Tabellen

AKADEMIE-VERLAG · BERLIN
1968

Eingang des Manuskriptes am 8. 5. 1967

Erschienen im Akademie-Verlag GmbH, 108 Berlin, Leipziger Straße 3 – 4

Lizenznummer: 202 · 100/514/68
Gesamtherstellung: VEB Druckerei „Thomas Müntzer“, 582 Bad Langensalza
Bestellnummer: 2016/31 · ES 19 C
11,–

Z u s a m m e n f a s s u n g

Die Übertragung des Potsdamer Fundamentalwertes auf die verschiedenen Anschlußpunkte im Geodätischen Institut verlangt eine genaue Kenntnis des Schweregradienten an den Meßstellen. Diese Gradienten werden hier aus der berechneten Gravitation sämtlicher Massen ermittelt, welche am Bau des Institus teilhaben. Die Schwere an den Anschlußpunkten konnte mit einer mittleren Unsicherheit von ±0,0045 mGal bestimmt werden, wie ein Vergleich mit sehr genauen Messungen mit einem Sharp Gravimeter ergeben hat.

S u m m a r y

The exact knowledge of gravity gradient on the pillars for measuring gravity is necessary to transfer the Potsdam fundamental data to the other sites in the Geodetic Institute. These gravity gradients are here found out by the computed gravitation of all the masses sharing in the erection of the Geodetic Institute. It was possible to determine the gravity in the sites with a mean uncertainty of ±0,0045 mGal, compared with the precise measurement by a Sharp-Gravimeter.

R é s u m é

Il faut connaître exactement le gradient de la gravité pour transmettre la valeur fondamentale de Potsdam aux autres piliers, servants à mesurer la gravité. Ici les gradients sont trouves des forces comptées de l'attraction de tous les masses, quelles participent au bâtiment de l'Institute Géodésique. Il était possible à fixer la gravité des points considerés avec une faute moyenne de ±0,0045 mGal, comparée avec les mésures exactes d'une gravimètre de Sharp.

Р е з ю м е

Перенесение потсдамского фундаментального значения силы тяжести на различные привязочные пункты в Геодезическом институте требует точного знания силового градиента на пунктах измерений. Эти градиенты здесь определяют из вычисленной гравитации всех масс, содержащихся в строении института. Сила тяжести на привязочных пунктах была определена, как показало сравнение с высокоточными измерениями при помощи гравиметра типа Sharp, со средней ошибкой ±0,0045 мгал.

I n h a l t s v e r z e i c h n i s

I. E I N L E I T U N G

In einer Veröffentlichung /1/ habe ich auseindergesetzt, daß der Potsdamer Fundamentalwert der Schwere g = 981,274 Gal und die Bezugshöhe 87 m den Charakter einer Definition tragen, und gezeigt, daß auch bei Berücksichtigung eines vertikalen Schweregradienten der obige von KUHNEN und FURTWÄNGLER /2/ auf drei Dezimalen angegebene Schwerewert nicht anders ausgesehen hätte. Im Hinblick auf die gestiegenen Genauigkeitsforderungen in den letzten 50 Jahren war die Internationale Gravimetrische Kommission 1959 in Paris übereingekommen /3/, den Fundamentalwert 981,2740 Gal für die Höhe 87,0 m anzunehmen. Zwar geht die vierte Dezimalstelle auch über die heutige Genauigkeit von Absolutbestimmungen der Schwere beinahe hinaus, andererseits verlangen aber die Gravimetermessungen eine weit höhere Genauigkeit, und moderne Instrumente gestatten, sogar das μ-Gal abzulesen. Diese Tatsache zwingt dazu, bei der Übertragung von absolut gemessenen Schwerewerten auf die in unmittelbarer Nähe gelegenen gravimetrischen Anschlußpunkte auch das μ-Gal als Rechenstelle beizubehalten und alles zu berücksichtigen, was diese Stelle beeinflussen könnte.

In der genannten Veröffentlichung /1/ hatte ich die Schwerewerte der im Geodätischen Institut für relative Pendel- und Gravimetermessungen benutzten Anschlußpunkte auf 0,01 m-Gal genau angegeben. Sie stützen sich im wesentlichen auf den Wert g = 981,27415 Gal des Anschlußpfeilers S1, der 3 m westlich des Ortes im Pendelsaal liegt, an dem KUHNEN und FURTWÄNGLER die Absolutmessung durchgeführt hatten. Bei der Übertragung selbst war der Höhenunterschied zwischen dieser Stelle S0 (87,00 m) und der Oberfläche von Pfeiler S1 (86,43 m) und der aus Gravimetermessungen zwischen Pendelsaal und Keller abgeleitete Schweregradient zugrunde gelegt worden. Da Zweifel aufgetaucht waren, ob die letzte Stelle in dem für S1 angegebenen Schwerewert sicher ist, haben auch ausländische Beobachter (HAMILTON, WOOLLARD, LONGFIELD-CARLSON) Schweredifferenzen zwischen dem Absolutpunkt S0 und den Anschlußpunkten S1, S2, S6, S7 des Geodätischen Instituts im Jahre 1963 mit sehr genauen Gravimetern gemessen.

WOOLLARD /4/ hatte bereits versucht, einen besseren Einblick über die Gradientenverhältnisse im Pendelsaal dadurch zu gewinnen, daß er die von den Pfeilern S0 und S1 herrührenden Anziehungskräfte grob abschätzte, wobei er nur die sichtbaren Pfeilermassen berücksichtigte. Unterhalb des Fußbodens sind diese aber auf einem gemeinsamen Block von 7,5 x 7,5 x 3 m³ gegründet. Bedenkt man, daß der Pendelsaal selbst von über 1 m starken Mauern umgeben ist, daß weitere Pfeilerblöcke in der Nähe stehen und das übrige Mauerwerk des Institutsgebäudes massiv aufgeführt ist, so kann es keinen Zweifel darüber geben, daß die Schweregradienten an den einzelnen Meßstellen verschieden sind. Wie ich kürzlich an Hand von Beispielen nachgewiesen habe /5/, wovon eines der gegenseitigen Lage von So und S1 nahekommt, können bei verschiedenen Schweregradienten Fehler von einigen 0,01 m-Gal dadurch entstehen, daß das schwere-empfindliche Gehänge im im Gravimeter mindestens 1 dm über der Aufsatzfläche liegt.

In der vorliegenden Arbeit wird der Versuch unternommen, den Schweregradienten über den Punkten S0, S1, S2, S6, S7 und S8 möglichst exakt zu berechnen. Die ersten fünf Meßstellen sind bereits in /17 aufgeführt, S8 ist der Pfeiler im Pendelsaal, auf dem die neue Absolutbestimmung mit dem 25-cm-Reversionspendelgerät durchgeführt wird.

Trotz aller Mängel einer solchen Berechnung, welche darin liegen, daß die Dichten von Mauerwerk und Untergrund ungenau bekannt sind, daß vereinfachende Annahmen gemacht werden müssen und Vernachlässigungen nicht zu umgehen sind, liefert sie doch die einzige Möglichkeit, die Gradienten unmittelbar über den Pfeilern zu bestimmen, und sie ist nicht den Einflüssen ausgesetzt, die beim Einsatz von Meßgeräten immer zu befürchten sind. Ich denke hier vor allem an magnetische Effekte beim Gravimeter, die bei dem extrem niederen Magnetfeld in dem allseitig durch Blechwände abgeschirmten Pendelsaal zu Bedenken Anlaß geben.

II. DIE GRAVITATIONSWIRKUNG EINES PFEILERS

1. Berechnung der Anziehung

Die Komponenten der Anziehungskraft, welche ein Parallelepiped auf einen beliebigen Punkt ausübt, hat MADER /6/ streng berechnet. Legt man ein Koordinatensystem so, daß sein Ursprung mit dem angezogenen Punkt zusammenfällt und seine Achsen parallel den Kanten des Quaders sind, - dessen Ecken seien $(x_1\, y_1 z_1)$, $(x_1\, y_1\, z_2)$, $(x_1\, y_2\, z_1)$, $(x_1\, y_2\, z_2)$, $(x_2\, y_1\, z_1)$, $(x_2\, y_1\, z_2)$, $(x_2\, y_2\, z_1)$, $(x_2\, y_2\, z_2)$ -, so kann man der Komponente K der Anziehung in Richtung der Schwerkraft nach einer kleinen von mir /7/ angegebenen Umformung die Gestalt geben

$$K = k^2 \delta \sum \mp \left(x \, \mathrm{Ar\,Tg} \, \frac{y}{r} + y \, \mathrm{Ar\,Tg} \, \frac{x}{r} - z \, \mathrm{arc\,tg} \, \frac{xy}{zr}\right). \qquad (1)$$

Darin bedeuten k^2 (= $6{,}67 \cdot 10^{-8}$ $cm^3\, g^{-1}\, s^{-2}$) die Gravitationskonstante, δ die Dichte des Quaders, $r = \sqrt{x^2 + y^2 + z^2}$, wo x, y, z die Koordinaten eines Eckpunktes sind. Der in Klammern stehende Ausdruck ist für sämtliche acht Ecken $(x_i\, y_j\, z_k)$ zu bilden, mit dem Vorzeichen + oder - zu versehen, je nachdem die Permutation (i, j, k) gerade oder ungerade ist, und dann ist zu summieren.

Mit Hilfe dieser Formel rechnen wir die von der Gravitation eines Pfeilers herrührende Schwerestörung auf der Pfeileroberfläche und in verschiedenen Höhen darüber. In /5/ war dies bereits für einen Doppelpfeiler und daneben stehenden Einzelpfeiler geschehen. Jetzt wählen wir als Beispiel einen freistehenden Pfeiler A aus Sandstein (δ = 2,4) von den Ausmaßen 1 x 1 x 2,05 m^3 des Pfeilers S8 im Pendelsaal. Daneben betrachten wir einen in Sandboden eingelassenen Betonpfeiler B (δ = 2,2) von der Größe 0,8 x 0,8 x 1 m^3, dessen Oberfläche mit dem Erdboden in gleicher Ebene liegt - s. Abb. 1. Der zweite Pfeiler B entspricht etwa dem Anschlußpfeiler S2 vor dem Institutsgebäude und wird in dieser Art auch für Gravimeterpunkte im DDR-Netz verwendet, so daß die hier dargestellten Verhältnisse breiteres Interesse finden werden.

Die Pfeilergravitation K überlagert die Freiluftschwere F, welche über der Erdoberfläche vorhanden wäre, wenn Pfeiler A nicht darauf stünde, bzw. Pfeiler B nicht darunter eingebettet wäre. In Abb. 2 ist der Wert von K in der Pfeilerachse als Funktion der Höhe h über Pfeileroberfläche aufgetragen. Naturgemäß ist K für h = 0 am größten und sinkt dann rasch ab. Die Neigung der für Pfeiler A und B gezeichneten Kurven ergibt die Gradientenänderung gegenüber dem Freiluftgradienten γ , der zum Vergleich durch eine gestrichelte Gerade angedeutet ist. Man beachte den wesentlich geringeren Gravitationseinfluß von Pfeiler B, was nicht in erster Linie auf

Abb. 1

A freistehender Sandsteinpfeiler
B in Sandboden eingelassener Betonpfeiler

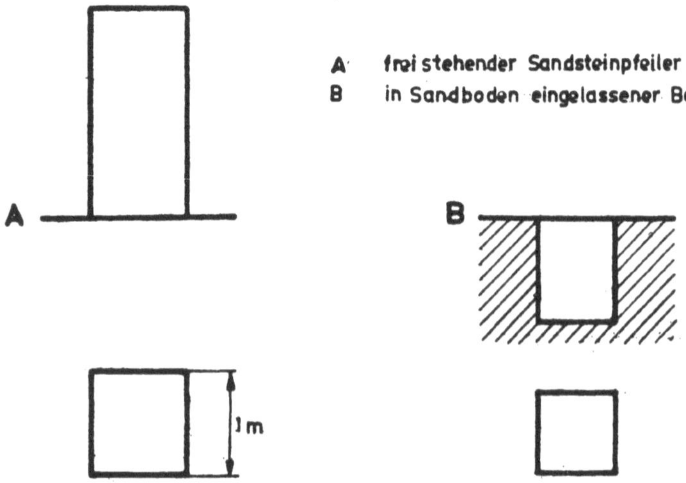

Abb. 2

Schwerestörung in verschiedenen Höhen über Pfeilermitte

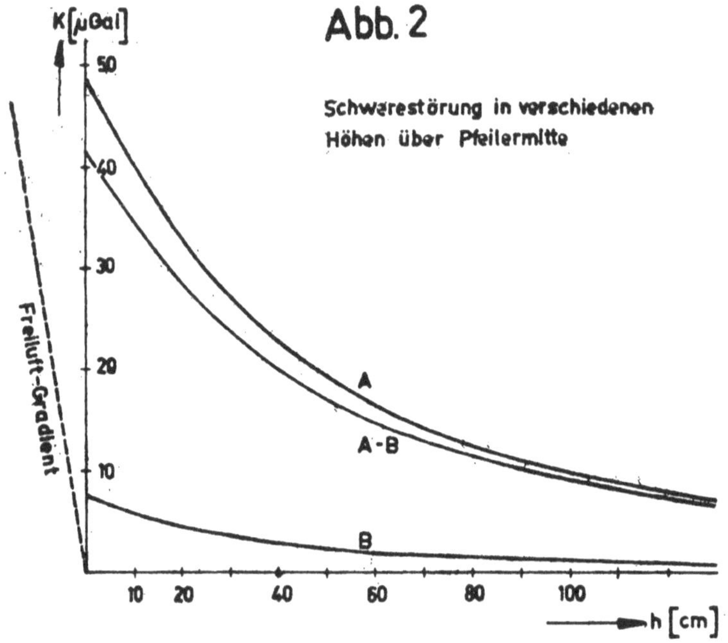

seine kleinere Masse, etwa der Hälfte von A, zurückzuführen ist, sondern darauf, daß Pfeiler B im Erdboden liegt und sozusagen nur der Dichteunterschied 0,5 von Beton (2,2) und Sand (1,7) wirksam ist, während bei einem freistehenden Pfeiler wie A dessen Dichte voll zur Geltung kommt.

Bei exzentrischer Aufstellung eines Gravimeters muß beachtet werden, daß die vertikale Anziehungskomponente K auf der Pfeileroberfläche von der Mitte nach außen rasch abnimmt. In den Abb. 3 und 4 habe ich die Verhältnisse auf Pfeiler A bzw. B veranschaulicht und einige Kurven gleicher (vertikaler) Anziehung K auf der Oberfläche sowie in einigen Ebenen darüber eingetragen. - Siehe Nachtrag S.72 -

2. Die Gravimeter-Korrektion

Unter der Schweredifferenz versteht man üblicherweise den Unterschied der Schwerkraft in der Mitte der Oberfläche beider Pfeiler A und B. Es ist technisch unmöglich, die schwere-empfindliche Masse eines Gravimeters in die Oberfläche selbst zu bringen; sie befindet sich mindestens 10 cm, meistens mehr darüber. Daher kann der Schwereunterschied $g_A - g_B$ selbst gar nicht gemessen werden, sondern man bestimmt immer den Schwereunterschied $(g_A - g_B)_h$ in einer dem Gravimeter eigenen Höhe h über der Aufsetzfläche. Diese gemessene Schweredifferenz ist wegen des von der Pfeileranziehung K (h) herrührenden Anteils von h abhängig - vgl. [5]. Aus der in Abb. 2 ebenfalls eingetragenen Kurve A-B, welche den Unterschied der Gravitationswirkung K (h) beider Pfeiler wiedergibt, kann man z. B. entnehmen, daß der Schwereunterschied 10 cm über den Pfeilern 7 μ-Gal geringer ist als auf der Oberfläche und bei h = 20 bzw. 30 cm sogar um 13 bzw. 18 μ-Gal. Diese Beträge liegen nicht nur innerhalb der Ablesegenauigkeit, sondern sogar innerhalb der Meßgenauigkeit moderner Gravimeter und müssen bei sehr genauen Schwereübertragungen berücksichtigt werden.

In der Höhe h über Pfeileroberfläche wirkt die Schwerkraft

in A:

$$g_A(h_A) = F_A - \gamma_A h_A + K_A (h_A)$$

in B: (2a)

$$g_B(h_B) = F_B - \gamma_B h_B + K_B (h_B)$$

Man will aber die Schwerkraft an der Pfeileroberfläche kennen, nämlich bei h = 0

in A:

$$g_A = F_A + K_A (0)$$

in B: (2b)

$$g_B = F_B + K_B (0).$$

Dabei ist F die Freiluftschwere in Höhe der jeweiligen Oberfläche. Sieht man von den kleinen Veränderungen an den Fußschrauben der Gravimeter während einer Messung ab, so kann $h_A = h_B = h$ gesetzt werden und falls die Punkte A und B örtlich nicht zu weit voneinander entfernt liegen, können auch gleiche Freiluftgradienten $\gamma_A = \gamma_B = \gamma$ angenommen werden. Dann ergibt sich für die Schwereunterschiede

$$g_A(h) - g_B(h) = F_A - F_B + K_A(h) - K_B(h), \quad (3a)$$

$$g_A - g_B = F_A - F_B + K_A(0) - K_B(0), \quad (3b)$$

Abb. 3: Schwerestörung in μGal über Pfeiler A

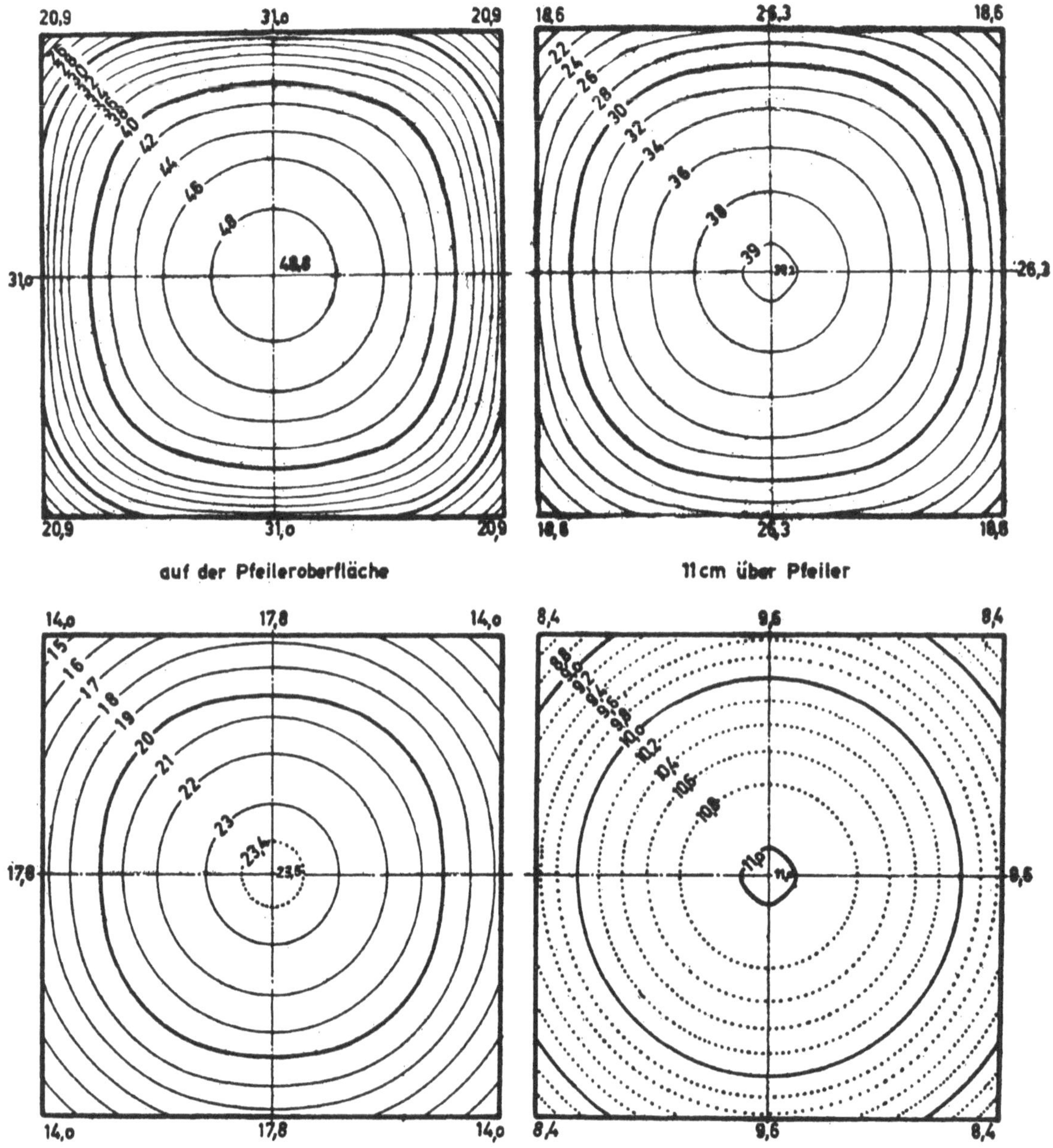

Abb. 4 Schwerestörung in μGal über Pfeiler B

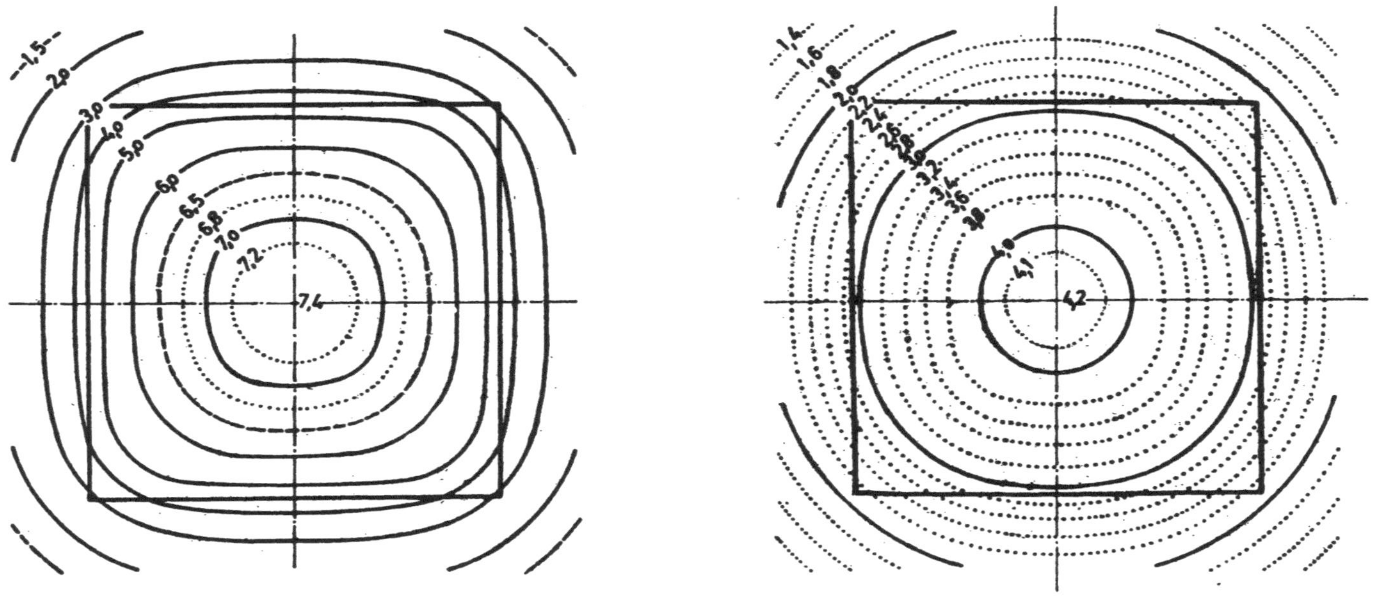

auf der Pfeileroberfläche

22 cm über Oberfläche

so daß sich der gesuchte Schwereunterschied durch die gemessene Schweredifferenz wie folgt ausdrücken läßt:

$$g_A - g_B = (g_A - g_B)_h + (K_A - K_B)_0 - (K_A - K_B)_h, \qquad (4a)$$

was man auch in der Form schreiben kann

$$g_A - g_B = (g_h + K_0 - K_h)_A - (g_h + K_0 - K_h)_B. \qquad (4b)$$

III. DER GRAVITATIONSEINFLUSS DES GEBÄUDES

1. Aufgabenstellung

Die z-Komponente der NEWTONschen Anziehungskraft ist bekanntlich proportional $\frac{z}{r^3}$, nimmt also mit der Entfernung r von der anziehenden Masse sehr rasch ab. Anders ausgedrückt: Die dem angezogenen Punkt am nächsten gelegenen Massenteilchen haben den weitaus größten, die entfernter gelegenen Gebäudeteile nur einen geringen Einfluß. Die im vorigen Kapitel betrachteten Gradientenverhältnisse über einem Pfeiler werden also nur unwesentlich durch weit entfernt liegende Baumassen geändert. Trotzdem muß man bei einem massiv aufgeführten Gebäude, wie es das Geodätische Institut ohne Zweifel ist, - es wurden darin über 6000 t Ziegelsteine verbaut - mit einem Gravitationseinfluß des Mauerwerks rechnen.

Wie schon in der Einleitung bemerkt, soll dieser Einfluß auf die sechs gravimetrischen Meßpunkte S0, S8, S1, S2, S6 und S7 berechnet werden, von denen die ersten beiden im Pendelsaal mit der früheren bzw. jetzigen Absolutbestimmung der Schwere zusammenhängen, S1 und S2 als Anschlußpunkte im Pendelsaal bzw. vor dem Hause dienen und die beiden letzten im Pendelkeller bei relativen Pendelmessungen benutzt werden. Die gegenseitige Lage dieser Punkte ist aus den Abb. 5 und 6 zu ersehen, wo der Grundriß und ein Querschnitt des Institutsgebäudes dargestellt wird. In der folgenden Tabelle 1 findet man die Koordinaten und Höhen dieser sechs Punkte und eines Hilfspunktes S7', der häufig an Stelle von S7 benutzt wird, wobei nur eine Granitplatte Gp über drei 1 cm dicke Fußplatten auf S7 gelegt wird.

Tabelle 1

	x	y	z	H
S0	0	0	0	87,00
S8	- 3,45	- 3,30	+ 0,57	86,43
S1	- 3,45	0,00	+ 0,57	86,43
S2	-18,54	+13,17	+ 1,63	85,37
S6	-13,16	-11,25	- 4,29	82,71
S7	-10,99	-10,75	+ 5,10	81,90
S7'	-10,99	-10,75	+ 4,99	82,01

Ich will versuchen, die Schwereunterschiede zwischen diesen Punkten rechnerisch zu ermitteln, was allerdings nur näherungsweise möglich sein wird. Das Hauptziel dieser Untersuchung ist es, die genauen Schweregradienten über diesen Punkten zu bestimmen, und zwar erscheint mir ein Bereich von 1,3 m darüber ausreichend. Daraus ergeben sich auch die im vorigen Kapitel besprochenen Gravimeter-Korrekturen K(h) für Gravimetermessungen.

Abb. 5: Grundriß (Übersicht)

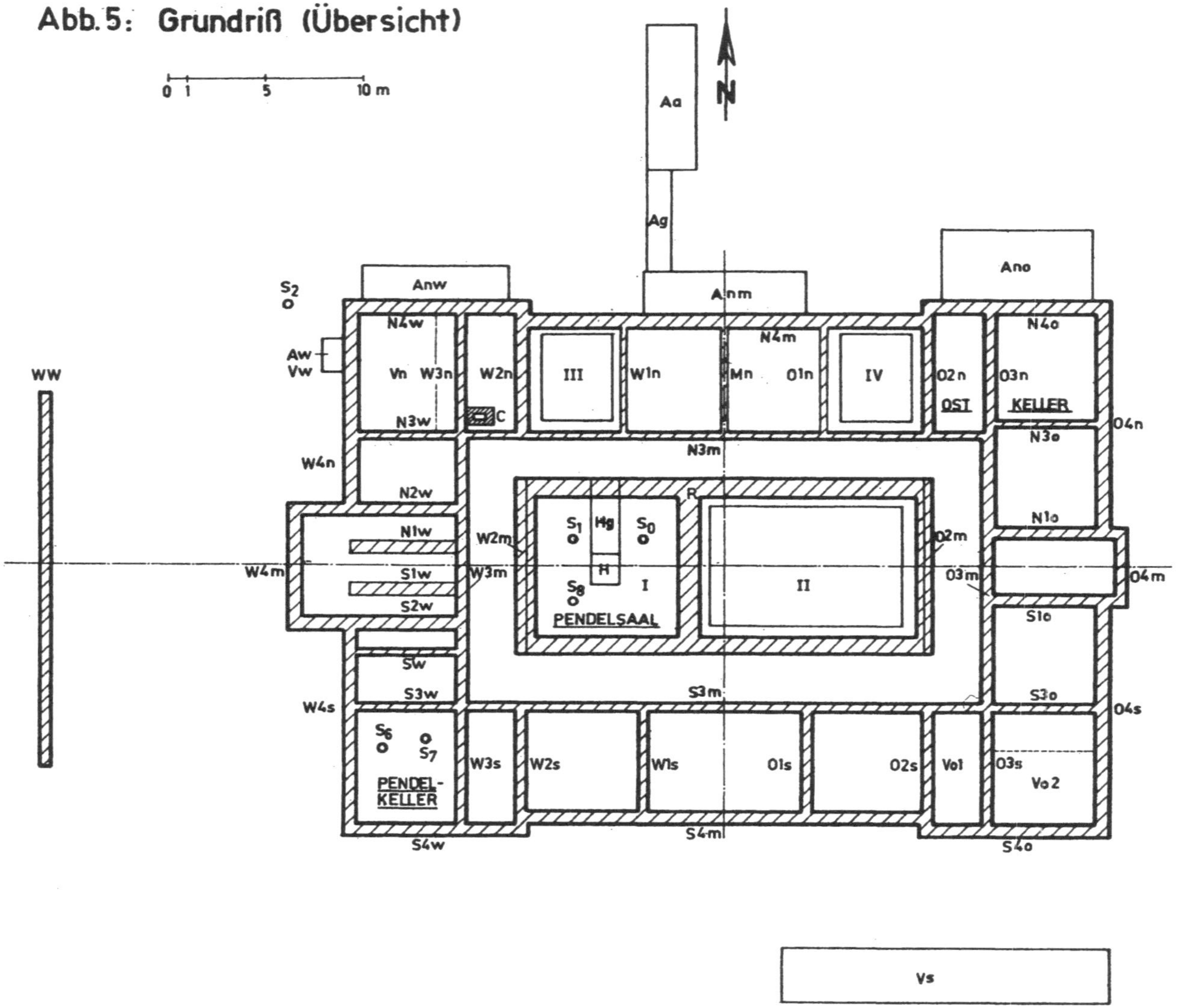

2. Beschreibung des Rechenganges

a) Leitgedanke

Ich gehe von einem ebenen Gelände aus, wo man annehmen darf, daß die Gradienten über bzw. unter der Erdoberfläche theoretisch bekannt sind. Nach HELMERT ⌊8, S.96, (10) mit (1)⌋ ist nämlich der Freiluftgradient in der Breite φ auf einem in der Nähe der Erdoberfläche verlaufenden Niveausphäroid

$$\frac{dg}{dh} = -\frac{2g_a}{a}\left[1 + \alpha + \varkappa - (2\alpha - \mathfrak{b})\sin^2\varphi\right]. \quad (5)$$

Darin bedeuten a die große Halbachse, α die Abplattung, $\mathfrak{b}$ die Schwerezunahme vom Äquator zum Pol relativ zur Äquatorschwere g_a und $\varkappa$ das Verhältnis der Schwerkraft zur Zentrifugalkraft am Äquator, das nach CLAIRAUT $\varkappa = \frac{2}{5}(\alpha + \mathfrak{b})$ ist. Die Änderung des Freiluftgradienten mit der Höhe ist äußerst gering und kann vernachlässigt werden. Denkt man sich nämlich die Erdmasse im Mittelpunkt einer Kugel vom Radius r, so ist die Schwere in der Höhe h über der Kugelfläche bekanntlich

$$g = \frac{M}{(r+h)^2}, \quad \text{also} \quad \frac{d^2g}{dh^2} = \frac{6M}{(r+h)^4} = \frac{6g}{(r+h)^2} \approx \frac{6g}{r^2} \approx 0{,}0000001 \text{ mGal/m}^2. \quad (6)$$

An der Erdoberfläche tritt nach den Gesetzen der Potentialtheorie ein Sprung im Schweregradienten auf von der Größe

$$\Delta\left(\frac{dg}{dh}\right) = 4\pi k^2 \sigma \cos^2\nu \quad , \quad (7)$$

wobei k^2 die Gravitationskonstante, σ den Sprung in der Dichte δ, d. h. praktisch die Dichte des Erdreichs an der Übergangsstelle bezeichnet und bei senkrechtem Durchgang $\cos\nu = 1$ gesetzt werden kann.[1] Mit Hilfe der Gradienten und der ebenfalls bekannten Höhenunterschiede h zwischen den sechs gravimetrischen Anschlußpunkten können deren Schwereunterschiede in erster Näherung ermittelt werden.

Das vorausgesetzte ebene Gelände wird nun durch Auf- bzw. Abtragung von Massen, durch den Aushub der Baugrube und den Aufbau des Institutsgebäudes in seine jetzige Gestalt verändert. Dabei wird von jeder zu- oder weggenommenen Masse die Gravitationswirkung auf die sechs Anschlußpunkte S0, S8, S1, S2, S6 und S7 sowie auf je sieben weitere Punkte in der Höhe 4, 11, 22, 38, 60, 89 und 126 cm darüber nach Formel (1) berechnet. Das Höhenintervall wurde unten etwas enger gewählt, weil die Pfeilermasse selbst den stärksten Einfluß auf den Gradienten ausübt.

Die Anziehungskräfte auf die einzelnen Anschlußpfeiler werden sich um so weniger voneinander unterscheiden, je weiter die anziehende Masse davon entfernt ist. Da es hier nur auf die Unterschiede der Gravitation ankommt, welche diese Masse auf die sechs Anschlußpfeiler ausübt, können also weit entfernte Massen außer Betracht bleiben. Es erscheint mir ausreichend, ein Gebiet von 80 x 100 m^2 den Berechnungen zugrunde zu legen, dessen Grenzen allseits etwa in 20 m Abstand vom Geodätischen

1) k^2 ist bekannt (S. 9), ebenfalls die Dichte von Sand an der Erdoberfläche. Der Gradientensprung (7) ist daher eindeutig bestimmt. Ich halte es nicht für richtig, wenn - vgl. ⌊8, S. 46 (2)⌋ - auf Grund eines angenommenen Dichtegesetzes im Erdinnern die genügend genau bekannte Naturkonstante k^2 gewissermaßen eliminiert und daraus der Gradientensprung an der Erdoberfläche abgeleitet wird.

Institut verlaufen, und alle außerhalb gelegenen topografischen und andere Massen zu vernachlässigen. Der Punkt S0 ($\varphi = 52^{o}22',86$, $\lambda = 13^{o}4',06$, H = 87,00 m), welcher ungefähr in der Mitte des betrachteten Gebietes liegt, wurde als Nullpunkt eines Koordinatensystems zur örtlichen Festlegung der einzelnen Massen gewählt. Die X-Achse sei parallel der Längsachse des Institutsgebäudes nach Osten gerichtet, die Y-Achse nach Norden, und die Z-Achse zeige in Richtung der Schwerkraft nach unten. Jede in die Rechnung einbezogene Masse wird als Quader behandelt, dessen Kanten parallel den Koordinatenachsen und dessen acht Eckpunkte durch die Koordinaten x_1, x_2, y_1, y_2, z_1, z_2 gegeben sind - s. Tabelle 2.

Trotz der relativ großen Unsicherheit des zu erwartenden Ergebnisses wurden die Einzelwerte der Anziehungskräfte in den Tabellen 3(a-f) auf 0,01 μ Gal genau angegeben, um bei der hohen Zahl von Summanden - es handelt sich um über 150 Einzelmassen - die Rechenungenauigkeit möglichst auszuschließen.

b) <u>Der Aufbau des Geländes</u>

Zur Berechnung des theoretischen Freiluftgradienten (5) werden die Zahlenwerte des KRASSOWSKI-Ellipsoids, des Internationalen Ellipsoids und des von der Internationalen Astronomischen Union 1964 angenommenen Erdellipsoids betrachtet:

	a [m]	g_a [mGal]	α	β=0,00	$\varkappa$=0,00	Freiluftgradient [mGal/m]
Krass.	6378245	978030	1:298,3	5302	34617	$- 0,3087665 + 0,0004302 \sin^2\varphi$
Int.	6378388	978049	1:297	52884	346216	$- 0,3087702 + 0,0004433 \sin^2\varphi$
IAU	6378160	978031	1:298,25	530237	346210	$- 0,3087712 + 0,0004304 \sin^2\varphi$

Für die Breite von Potsdam (S0) $\varphi = 52^{o}22',86$ ergibt sich ein Freiluftgradient von -0,30850 mGal/m. Der Dichtesprung σ an der Erdoberfläche beim Übergang ins Erdinnere sei mit 1,7 angenommen, da es sich bei dem Gelände am Geodätischen Institut um Sandboden handelt. Mit $4\pi k^2 = 8,382 \cdot 10^{-7}$ cm^3 g^{-1} s^{-2} ergibt sich daher nach (6) ein Gradientensprung von 0,1425 mGal/m und somit der Schweregradient -0,1660 mGal/m in den obersten Sandschichten.

Das Gelände um das Institutsgebäude ist nicht eben, sondern fällt am Südflügel des Gebäudes etwas nach Süden ab, wie aus Abb. 6 zu erkennen ist. In Abb. 7 sind die Verhältnisse in 10facher Überhöhung verdeutlicht. Dort ist EE die Ausgangsebene, ACDF ein Profil der tatsächlichen Erdoberfläche. Das wirkliche Gelände stellen wir dadurch her, daß wir im Süden die Sandschicht EXCA abtragen und im Norden die Sandschicht XEFD aufschütten. Die Höhen der Geländeabschnitte AC und DF können als gegeben angesehen werden. Die Höhe H der Ausgangsebene EE wird so festgelegt, daß die abgetragenen und aufgeschütteten Sandmassen innerhalb des in Betracht gezogenen Gebietes von 80 x 100 m^2 einander gleich sind. Daraus ergibt sich H = 84,95 m. Mit den oben ermittelten Gradienten über bzw. unter der fiktiven Erdoberfläche EE und den Höhenunterschieden h' kann man die Schwereunterschiede U'_h gegenüber der angenommenen Ausgangsebene EE in Tab. 4 berechnen. Dabei ist für S0, S8, S1, S2 der Freiluftgradient, für S6, S7, S7' der Gradient im Sandboden anzuwenden.

Da die gesamte Rechnung auf die Anziehung von Quadern eingerichtet ist, wurden die vereinzelt auftretenden dreiseitigen Prismen durch volumengleiche Quader ersetzt. So ist auch die im Norden aufgeschüttete Sandmasse durch die Quader Gn und G'n verkörpert, wobei das Rechteck G'n in Abb. 7 mit dem Dreieck DD'X flächengleich ist. Insgesamt gesehen wird beim Geländeaufbau nur eine Massenverlagerung vorgenommen.

Tabelle 2: Zusammenstellung der Massen

lfd. Nr.	Beschreibung	Kurz bez.	Stock-werk	x_1 x_2	y_1 y_2	z_1 z_2	Ausmaße in m x	y	z	Vol. m^3	δ'	Masse t
	a) Aufbau des Geländes und Aushub (Sand d = 1,5)											
1	Aufschüttung	Gn	U	-40,0 +50,0	- 5,05+40,0	+ 1,63+ 2,05	90,0	45,05	0,42	1702,9	1,7	2894,9
2	"	G'n	U	-40,0 +50,0	- 7,93- 5,05	+ 1,76+ 2,05	90,0	2,88	0,29	75,2	1,7	127,8
3	Abtragung	Gs	U	-40,0 +50,0	-40,0 -16,12	+ 2,05+ 2,77	90,0	23,88	0,72	- 1547,4	1,7	-2630,6
4	"	G's	U	-40,0 +50,0	-16,12-11,18	+ 2,05++2,57	90,0	4,94	0,52	- 231,2	1,7	- 393,0
										- 0,5		- 0,9
5	Baugrube Nord	An	KU	-15,48+24,06	+ 2,08+13,17	+ 1,63+ 5,00	39,54	11,09	3,37	-1477,7	1,7	-2512,1
6	" "	An'	KU	- 5,61+14,19	+12,39+13,17	+ 1,63+ 5,00	19,80	0,78	3,37	52,0	1,7	88,4
7	Baugrube Mitte	Am	KU	-17,69+24,84	- 5,05+ 2,08	+ 1,63+ 5,00	42,53	7,13	3,37	-1021,9	1,7	-1737,2
8	" Süd	As	K	-15,53+24,11	-16,12- 5,05	+ 2,77+ 5,00	39,64	11,07	2,23	- 978,6	1,7	-1663,6
9	" "	As'	K	- 5,61+14,19	-16,12-15,34	+ 2,77+ 5,00	19,80	0,78	2,23	34,4	1,7	58,5
10	" "	A's	U	-17,00+24,11	-12,88- 5,05	+ 1,96+ 2,77	41,11	7,83	0,81	- 260,7	1,7	- 443,2
										-3652,5	1,7	-6209,2
11	Vorkeller West	Anw	KU	-14,46- 6,65	+13,17+15,05	+ 1,63+ 4,25	7,81	1,88	2,62	- 38,5	1,7	- 65,4
12	" Mitte	Anm	KU	+ 0,14+ 8,44	+12,39+14,49	+ 1,63+ 4,25	8,30	2,10	2,62	- 45,7	1,7	- 77,7
13	" Ost	Ano	KU	+15,22+23,03	+13,17+17,17	+ 1,63+ 5,08	7,81	4,00	3,45	- 107,8	1,7	- 183,3
14	Aggregatraum	Aa	KU	+ 0,25+ 2,75	+20,24+27,99	+ 1,85+ 4,25	2,50	7,75	2,40	- 46,5	1,7	- 79,0
15	Gang zum "	Ag	KU	+ 0,25+ 1,50	+14,49+20,24	+ 1,85+ 4,25	1,25	5,75	2,40	- 17,2	1,7	- 29,2
16	Kellerboden	A'o	(K)	+14,96+23,29	+ 6,94+12,14	+ 5,00+ 5,52	8,33	5,20	0,52	- 22,5	1,7	- 38,2
17	Kohleschacht	Awu	K	-16,04-14,71	+ 9,56+10,81	+ 2,23+ 4,25	1,33	1,25	2,02	- 3,4	1,7	- 5,8
18	"	Awo	U	-16,60-15,48	+ 9,56+10,81	+ 1,63+ 2,23	1,12	1,25	0,60	- 0,8	1,7	- 1,4
										- 282,4		- 480,0
	b) Bauten aus Ziegelstein (d = 1,5)											
19	Mittelblock	B	K	- 6,51+15,09	- 6,36+ 3,46	+ 2,61+ 5,00	21,60	9,82	2,39	506,9	1,34	679,2
20	"	B	UEIO	- 6,38+14,96	- 6,23+ 3,33	-12,00+ 2,61	21,34	9,56	14,61	2980,6	1,34	3994,0
21	Raum West	B I	KUEIO	- 5,35+ 1,90	- 5,20+ 2,30	-12,00+ 5,00	7,25	7,50	17,00	- 924,4	1,34	-1238,7
22	" Ost	BII	KUEIO	+ 2,93+13,93	- 5,20+ 2,30	-12,00+ 5,00	11,00	7,50	17,00	-1402,5	1,34	-1879,4
23	Mauer	W2m	D	- 6,38- 5,87	- 6,23+ 3,33	-16,50-12,00	0,51	9,56	4,50	21,9	1,38	30,2
24	"	O2m	D	+14,45+14,96	- 6,23+ 3,33	-16,50-12,00	0,51	9,56	4,50	21,9	1,38	30,2
	Mittelrahmen	R								1204,4	1,34	1615,5
25	Pfeilerblock	Ib	K	- 5,35+ 1,90	- 5,20+ 2,30	+ 2,62+ 5,00	7,25	7,50	2,38	129,4	1,30	168,2
26	Heizraum	H	K	- 2,48- 0,98	- 2,20- 0,70	+ 2,62+ 5,34	1,50	1,50	2,72	- 6,1	1,30	- 7,9
27	Gang zum Heizr.	Hg	K	- 2,38- 1,08	- 0,70+ 3,46	+ 3,50+ 5,34	1,30	4,16	1,84	- 10,0	1,30	- 13,0
	Pfeiler	I								113,3	1,30	147,3
28	Pfeiler	II	K	+ 3,53+13,33	- 4,70+ 1,80	+ 1,87+ 5,00	9,80	6,50	3,13	199,4	1,33	265,2
29	"	III	K	- 5,02- 1,37	+ 6,40+11,20	+ 2,37+ 5,00	3,65	4,80	2,63	46,1	1,41	65,0

lfd. Nr.	Beschreibung	Kurz bez.	Stock-werk	x_1	x_2	y_1	y_2	z_1	z_2	Ausmaße in m x	y	z	Vol. m^3	δ'	Masse t
30	Pfeiler	IV	K	+10,25	+13,90	+ 6,40	+11,20	+ 2,37	+ 5,00	3,65	4,80	2,63	46,1	1,41	65,0
31	Schornst.Block	Cb	KUE	- 9,01	- 7,68	+ 6,19	+ 7,04	- 5,01	+ 5,00	1,33	0,85	10,01	11,3	1,50	17,0
32	" "	Cb	IOD	- 8,88	- 7,68	+ 6,19	+ 7,04	-17,50	- 5,01	1,20	0,85	12,49	12,7	1,50	19,0
33	" Hohlraum	Ci	KUEIOD	- 8,70	- 8,00	+ 6,44	+ 6,79	-17,50	+ 5,00	0,70	0,35	22,50	- 5,5	1,50	- 8,2
	Schornstein	C											18,5	1,50	27,8
34	Mauer	S1w	KU	-15,25	- 9,59	- 2,95	- 2,25	+ 1,10	+ 5,00	5,66	0,70	3,90	15,5	1,40	21,7
35	Mauer	N1w	KU	-15,25	- 9,59	- 0,65	+ 0,05	+ 1,10	+ 5,00	5,66	0,70	3,90	15,5	1,35	20,9
36	Mauer	S2w	KU	-16,79	- 9,59	- 4,81	- 4,17	+ 1,10	+ 5,00	7,20	0,64	3,90	18,0	1,30	23,4
37	"	S2w	UEI	-16,92	- 9,39	- 4,76	- 4,25	- 9,32	+ 1,10	7,53	0,51	10,42	40,0	1,44	57,6
38	"	S2w	OD	-16,92	- 6,38	- 4,63	- 4,25	-14,41	- 9,32	10,54	0,38	5,09	20,4	1,30	26,5
	Mauer	S2w											78,4	1,37	107,5
39	Mauer	N2w	KU	-16,79	- 9,59	+ 1,22	+ 1,99	+ 1,10	+ 5,00	7,20	0,77	3,90	21,6	1,50	32,4
40	"	N2w	UE	-16,92	- 9,39	+ 1,35	+ 1,99	- 5,01	+ 1,10	7,53	0,64	6,11	29,4	1,44	42,3
41	"	N2w	I	-16,92	- 9,39	+ 1,35	+ 1,86	- 9,32	- 5,01	7,53	0,51	4,31	16,6	1,50	24,9
42	"	N2w	OD	-16,92	- 6,38	+ 1,35	+ 1,73	-14,41	- 9,32	10,54	0,38	5,09	20,4	1,30	26,5
	Mauer	N2w											88,0	1,43	126,1
43	Mauer	S1o	K	+18,17	+24,85	- 3,59	- 2,95	+ 2,61	+ 5,00	6,68	0,64	2,39	10,2	1,50	15,3
44	"	S1o	UEI	+17,99	+24,74	- 3,46	- 2,95	- 9,32	+ 2,61	6,75	0,51	11,93	41,1	1,50	61,6
45	"	S1o	OD	+17,79	+24,66	- 3,33	- 2,95	-14,41	- 9,32	6,87	0,38	5,09	13,3	1,50	20,0
	Mauer	S1o											64,6	1,50	96,9
46	Mauer	N1o	K	+18,17	+24,85	+ 0,05	+ 0,69	+ 2,61	+ 5,00	6,68	0,64	2,39	10,2	1,32	13,5
47	"	N1o	UEI	+17,99	+24,74	+ 0,05	+ 0,56	- 9,32	+ 2,61	6,75	0,51	11,93	41,1	1,42	58,4
48	"	N1o	OD	+17,79	+24,66	+ 0,05	+ 0,43	-14,41	- 9,32	6,87	0,38	5,09	13,3	1,44	19,2
	Mauer	N1o											64,6	1,41	91,1
49	Mauer	S3w	K	-14,63	- 8,64	- 9,38	- 8,74	+ 2,64	+ 5,00	5,99	0,64	2,39	9,2	1,47	13,5
50	"	S3w	U	-14,71	- 8,95	- 9,31	- 8,80	- 0,47	+ 2,61	5,76	0,51	3,08	9,0	1,45	13,0
51	"	S3w	EIO	-14,71	- 9,01	- 9,24	- 8,86	-12,70	- 0,47	5,70	0,38	12,33	26,7	1,28	34,2
	Mauer	S3w											44,9	1,35	60,7
52	Mauer	S'w	KUEI	-14,69	- 9,44	- 6,23	- 5,98	- 9,32	+ 5,00	5,25	0,25	14,32	18,8	1,46	27,4
53	Mauer	S3o	K	+17,20	+23,21	- 9,31	- 8,80	+ 2,61	+ 5,00	6,01	0,51	2,39	7,3	1,50	11,0
54	"	S3o	UE	+17,56	+23,29	- 9,24	- 8,86	- 5,01	+ 2,61	5,73	0,38	7,62	16,6	1,30	21,6
55	"	S3o	IO	+17,30	+23,37	- 9,12	- 8,87	-12,70	- 5,01	6,07	0,25	7,69	11,7	1,34	15,7
	Mauer	S3o											35,6	1,36	48,3
56	Mauer	N3w	IO	-14,75	- 8,95	+ 5,53	+ 5,78	-12,70	- 5,01	5,80	0,25	7,69	11,2	1,35	15,1
57	Mauer	N3o	KU	+14,96	+23,29	+ 6,30	+ 6,94	+ 1,00	+ 5,00	8,33	0,64	4,00	21,3	1,31	27,9
58	"	N3o	UEIO	+17,46	+23,29	+ 6,43	+ 6,81	-12,70	+ 1,00	5,83	0,38	13,70	30,4	1,50	45,6
	Mauer	N3o											51,7	1,42	73,5

lfd. Nr.	Beschreibung	Kurz bez.	Stock-werk	x_1 x_2	y_1 y_2	z_1 z_2	Ausmaße in m x	y	z	Vol. m^3	δ′	Masse t
59	Mauer	S3m	K	- 6,74+15,32	- 9,38- 8,61	+ 2,61+ 5,00	22,06	0,77	2,39	40,6	0,96	39,0
60	"	S3m	U	- 8,95+17,53	- 9,31- 8,67	- 0,47+ 2,61	26,48	0,64	3,08	52,2	0,90	47,0
61	"	S3m	EI	- 9,01+17,59	- 9,24- 8,73	- 9,32- 0,47	26,60	0,51	8,85	120,1	1,19	142,9
	Mauer	S3m								212,9	1,08	228,9
62	Mauer	N3m	KU	- 5,61+14,19	+ 5,35+ 5,95	+ 1,00+ 5,00	19,80	0,60	4,00	47,5	1,18	56,0
63	"	N3m	I	- 6,50+14,96	+ 5,39+ 5,90	- 9,32- 5,01	21,46	0,51	4,31	47,2	1,32	62,3
	Mauer	N3m								94,7	1,25	118,3
64	Mauer	S4w	K	-15,53- 5,56	-16,12-15,22	+ 2,61+ 5,00	9,97	0,90	2,39	21,4	1,13	24,2
65	"	S4w	U	-15,48- 5,61	-16,07-15,30	- 0,47+ 2,61	9,87	0,77	3,08	23,4	1,08	25,3
66	"	S4w	EIO	-15,35- 5,74	-15,94-15,30	- 9,91- 0,47	9,61	0,64	9,44	58,1	1,10	63,9
67	"	S4w	OD	-15,30- 5,79	-15,91-15,40	-14,41- 9,91	9,51	0,51	4,50	21,8	1,30	28,3
	Mauer	S4w								124,7	1,14	141,7
68	Mauer	S4m	K	- 6,46+15,04	-15,34-14,44	+ 2,61+ 5,00	21,50	0,90	2,39	46,2	1,10	50,8
69	"	S4m	U	- 6,38+14,96	-15,29-14,52	- 0,47+ 2,61	21,34	0,77	3,08	50,6	1,04	52,6
70	"	S4m	E	- 6,38+14,96	-15,16-14,52	- 5,01- 0,47	21,34	0,64	4,54	62,0	1,06	65,7
71	"	S4m	IO	- 5,87+14,45	-15,16-14,65	-11,78- 5,01	20,32	0,51	6,77	70,2	1,03	72,3
	Mauer	S4m								229,0	1,05	241,4
72	Mauer	S4o	K	+14,14+24,11	-16,12-15,22	+ 2,61+ 5,00	9,97	0,90	2,39	21,4	1,13	24,2
73	"	S4o	U	+14,19+24,06	-16,07-15,30	- 0,47+ 2,61	9,87	0,77	3,08	23,4	1,08	25,3
74	"	S4o	EIO	+14,32+23,93	-15,94-15,30	- 9,91- 0,47	9,61	0,64	9,44	58,1	1,10	63,9
75	"	S4o	OD	+14,36+23,87	-15,91-15,40	-14,41- 9,91	9,51	0,51	4,50	21,8	1,30	28,3
	Mauer	S4o								124,7	1,14	141,7
76	Mauer	N4w	KU	-14,71- 6,38	+12,14+13,17	- 0,47+ 5,00	8,33	1,03	5,47	46,9	1,14	53,5
77	"	N4w	EIO	-14,71- 6,38	+12,40+13,04	- 9,91- 0,47	8,33	0,64	9,44	50,3	0,92	46,3
78	"	N4w	OD	-14,79- 6,30	+12,48+12,99	-14,41- 9,91	8,49	0,51	4,50	19,5	1,30	25,4
	Mauer	N4w								116,7	1,07	125,2
79	Mauer	N4m	KU	- 5,61+14,19	+11,35+12,38	- 0,47+ 5,00	19,80	1,03	5,47	111,6	1,33	148,4
80	"	N4m	E	- 5,87+14,45	+11,36+12,26	- 5,01- 0,47	20,32	0,90	4,54	83,0	0,72	59,8
81	"	N4m	IO	- 5,84+14,48	+11,75+12,26	-11,78- 5,01	20,32	0,51	6,77	70,2	1,03	72,3
	Mauer	N4m								264,8	1,06	280,5
82	Mauer	N4o	KU	+14,96+23,29	+12,14+13,17	- 0,47+ 5,00	8,33	1,03	5,47	46,9	1,14	53,5
83	"	N4o	EIO	+14,96+23,29	+12,40+13,04	- 9,91- 0,47	8,33	0,64	9,44	50,3	0,92	46,3
84	"	N4o	OD	+14,89+23,38	+12,48+12,99	-14,41- 9,91	8,49	0,51	4,50	19,5	1,30	25,4
	Mauer	N4o								116,7	1,07	125,2
85	Mauer	O4m	KU	+24,07+24,84	- 2,95+ 0,05	+ 1,00+ 5,00	0,77	3,00	4,00	9,2	0,96	8,8
86	"	O4m	UEIOD	+24,20+24,71	- 2,95+ 0,05	-14,41+ 1,00	0,51	3,00	15,41	23,6	1,02	24,1
	Mauer	O4m								32,8	1,00	32,9

lfd. Nr.	Beschreibung	Kurz bez.	Stockwerk	x_1 x_2	y_1 y_2	z_1 z_2	Ausmaße in m x	y	z	Vol. m^3	δ'	Masse t
87	Mauer	03m	K	+17,40+18,17	- 6,50+ 6,30	+ 2,61+ 5,00	0,77	12,80	2,39	23,6	1,14	26,9
88	"	03m	U	+17,40+18,04	- 8,67+ 6,43	- 0,47+ 2,61	0,64	15,10	3,08	29,8	1,22	36,4
89	"	03m	EI	+17,46+17,97	- 8,73+ 6,43	- 9,32- 0,47	0,51	15,16	8,85	68,4	1,09	74,6
90	"	03m	OD	+17,46+17,84	- 4,78+ 1,88	-15,70- 9,32	0,38	6,66	6,38	16,1	1,00	16,1
	Mauer	03m								137,9	1,07	154,0
91	Mauer	W4m	KU	-17,69-16,79	- 5,05+ 2,12	+ 1,10+ 5,00	0,90	7,17	3,90	25,2	1,27	32,0
92	"	W4m	UEI	-17,56-16,92	- 4,89+ 1,99	- 7,81+ 1,10	0,64	6,88	8,91	39,2	1,12	43,9
93	"	W4m	IOD	-17,51-16,92	- 4,86+ 1,96	-14,41- 7,81	0,59	6,82	6,60	26,6	1,18	31,4
	Mauer	W4m								91,0	1,18	107,3
94	Mauer	W3m	K	- 9,59- 8,82	- 6,55+ 6,02	+ 2,61+ 5,00	0,77	12,57	2,39	23,1	1,29	29,8
95	"	W3m	U	- 9,46- 8,82	- 6,55+ 6,02	- 0,47+ 2,61	0,64	12,57	3,08	24,8	1,23	30,5
96	"	W3m	EIO	- 9,39- 8,88	- 6,50+ 6,02	-12,70- 0,47	0,51	12,52	12,23	78,1	1,22	95,3
	Mauer	W3m								126,0	1,24	155,6
97	Mauer	W3n	UE	- 9,39- 9,01	+ 6,02+12,40	- 5,01+ 1,00	0,38	6,38	6,01	14,6	1,33	19,4
98	"	W3n	IO	- 9,26- 8,88	+ 6,02+12,48	-12,70- 5,01	0,38	6,46	7,69	18,9	1,14	21,5
	Mauer	W3n								33,5	1,22	40,9
99	Mauer	03n	I	+17,46+17,84	+ 6,81+12,40	- 9,32- 5,01	0,38	5,59	4,31	9,2	1,24	11,4
100	"	03n	O	+17,46+17,84	+ 1,88+12,50	-12,70- 9,32	0,38	10,62	3,38	13,6	1,32	18,0
	Mauer	03n								22,8	1,29	29,4
101	Mauer	W4n	KU	-15,48-14,71	+ 1,99+13,17	- 0,47+ 5,00	0,77	11,18	5,47	47,1	1,43	67,4
102	"	W4n	EI	-15,35-14,71	+ 1,93+13,04	- 9,91- 0,47	0,64	11,11	9,44	67,1	0,97	65,1
103	"	W4n	OD	-15,30-14,79	+ 1,73+12,99	-14,41- 9,91	0,51	11,26	4,50	25,8	1,39	35,9
	Mauer	W4n								140,0	1,20	168,4
104	Mauer	04n	KU	+23,29+24,06	+ 0,64+13,17	- 0,47+ 5,00	0,77	12,53	5,47	52,8	1,34	70,8
105	"	04n	EI	+23,29+23,93	+ 0,56+13,04	- 9,91- 0,47	0,64	12,48	9,44	75,4	1,30	98,0
106	"	04n	OD	+23,38+23,89	+ 0,41+12,99	-14,41- 9,91	0,51	12,58	4,50	28,9	1,27	36,7
	Mauer	04n								157,1	1,31	205,5
107	Mauer	04s	K	+23,21+24,11	-15,22- 3,59	+ 2,61+ 5,00	0,90	11,63	2,39	25,0	1,24	31,0
108	"	04s	U	+23,29+24,06	-15,30- 3,46	- 0,47+ 2,61	0,77	11,84	3,08	28,1	1,29	36,2
109	"	04s	EI	+23,29+23,93	-15,30- 3,46	- 9,91- 0,47	0,64	11,84	9,44	71,5	1,30	93,0
110	"	04s	OD	+23,37+23,88	-15,40- 3,35	-14,41- 9,91	0,51	12,05	4,50	27,7	1,26	34,9
	Mauer	04s								152,3	1,28	195,1
111	Mauer	W4s	K	-15,53-14,63	-15,22- 4,81	+ 2,61+ 5,00	0,90	10,41	2,39	22,4	1,39	31,1
112	"	W4s	U	-15,48-14,71	-15,30- 4,76	- 0,47+ 2,61	0,77	10,54	3,08	25,0	1,32	33,0
113	"	W4s	EI	-15,35-14,71	-15,30- 4,76	- 9,91- 0,47	0,64	10,54	9,44	63,7	1,36	86,6
114	"	W4s	OD	-15,30-14,79	-15,40- 4,65	-14,41- 9,91	0,51	10,75	4,50	24,7	1,39	34,3
	Mauer	W4s								135,8	1,36	185,0

lfd. Nr.	Beschreibung	Kurz bez.	Stock-werk	x_1 x_2	y_1 y_2	z_1 z_2	Ausmaße in m x	y	z	Vol. m^3	δ'	Masse t
115	Mauer	W3s	K	- 9,53- 8,89	-15,22- 9,38	+ 2,61+ 5,00	0,64	5,84	2,39	8,9	1,31	11,7
116	"	W3s	U	- 9,46- 8,95	-15,30- 9,31	- 0,47+ 2,61	0,51	5,99	3,08	9,4	1,30	12,2
117	"	W3s	EIO	- 9,39- 9,01	-15,30- 9,24	-12,70- 0,47	0,38	6,06	12,23	28,2	1,35	38,1
	Mauer	W3s								46,5	1,33	62,0
118	Mauer	03s	K	+17,47+18,11	-15,29- 9,38	+ 2,61+ 5,00	0,64	5,91	2,39	9,0	1,50	13,5
119	"	03s	U	+17,53+18,04	-15,30- 9,31	- o,47+ 2,61	0,51	5,99	3,08	9,4	1,32	12,4
120	"	03s	EI	+17,59+17,97	-15,30- 9,24	- 9,32- 0,47	0,38	6,06	8,85	20,4	1,32	26,9
121	"	03s	O	+17,52+17,90	-15,38- 4,78	-12,70- 9,32	0,38	10,60	3,38	13,6	1,32	18,0
	Mauer	03s								52,4	1,35	70,8
122	Mauer	02s	K	+14,40+15,04	-14,44- 9,38	+ 2,61+ 5,00	0,64	5,06	2,39	7,7	1,49	11,5
123	"	02s	UEI	+14,45+14,96	-14,57- 9,26	- 9,32+ 2,61	0,51	5,31	11,93	32,3	1,32	42,6
124	"	02s	OD	+14,37+14,88	-15,39- 6,23	-14,41- 9,32	0,51	9,16	5,09	23,8	1,23	29,3
	Mauer	02s								63,8	1,31	83,4
125	Mauer	02n	KU	+14,19+14,96	+ 5,22+13,17	+ 1,00+ 5,00	0,77	7,95	4,00	24,5	1,50	36,8
126	"	02n	EI	+14,45+14,96	+ 4,69+13,04	- 9,32+ 1,00	0,51	8,35	10,32	43,9	1,39	61,0
127	"	02n	OD	+14,37+14,88	+ 3,33+13,00	-14,41- 9,32	0,51	9,67	5,09	25,1	1,23	30,9
	Mauer	02n								93,5	1,38	128,7
128	Mauer	W2s	K	- 6,46- 5,82	-14,44- 9,38	+ 2,61+ 5,00	0,64	5,06	2,39	7,7	1,49	11,5
129	"	W2s	UEI	- 6,38- 5,87	-14,57- 9,26	- 9,32+ 2,61	0,51	5,31	11,93	32,3	1,34	43,3
130	"	W2s	OD	- 6,30- 5,79	-15,39- 6,23	-14,41- 9,32	0,51	9,16	5,09	23,8	1,23	29,3
	Mauer	W2s								63,8	1,32	84,1
131	Mauer	W2n	KU	- 6,38- 5,61	+ 5,22+13,17	+ 1,00+ 5,00	0,77	7,95	4,00	24,5	1,50	36,8
132	"	W2n	EI	- 6,38- 5,87	+ 4,69+13,04	- 9,32+ 1,00	0,51	8,35	10,32	43,9	1,39	61,0
133	"	W2n	OD	- 6,30- 5,79	+ 3,33+13,00	-14,41- 9,32	0,51	9,67	5,09	25,1	1,23	30,9
	Mauer	W2n								93,5	1,38	128,7
134	Mauer	W1s	K	- 0,09+ 0,42	-14,44- 9,38	+ 2,61+ 5,00	0,51	5,06	2,39	6,2	1,50	9,3
135	"	W1s	UEI	- 0,02+ 0,36	-14,57- 9,27	- 9,32+ 2,61	0,38	5,30	11,93	24,0	1,32	31,7
	Mauer	W1s								30,2	1,36	41,0
136	Mauer	W1n	KU	- 1,10- 0,46	+ 5,94+11,35	+ 1,00+ 5,00	0,64	5,41	4,00	13,8	1,50	20,7
137	"	W1n	I	- 0,90- 0,65	+ 5,90+11,75	- 9,32- 5,01	0,25	5,85	4,31	6,3	1,36	8,6
	Mauer	W1n								20,1	1,46	29,3
138	Mauer	Mn	I	+ 4,17+ 4,42	+ 5,90+11,75	- 9,32- 5,01	0,25	5,85	4,31	6,3	1,36	8,6
139	Mauer	01n	KU	+ 9,04+ 9,68	+ 5,94+11,35	+ 1,00+ 5,00	0,64	5,41	4,00	13,8	1,50	20,7
140	"	01n	I	+ 9,24+ 9,49	+ 5,90+11,75	- 9,32- 5,01	0,25	5,85	4,31	6,3	1,50	9,4
	Mauer	01n								20,1	1,50	30,1
141	Mauer	01s	K	+ 8,16+ 8,67	-14,44- 9,38	+ 2,61+ 5,00	0,51	5,06	2,39	6,2	1,50	9,3
142	"	01s	UEI	+ 8,22+ 8,60	-14,57- 9,27	- 9,32+ 2,61	0,38	5,30	11,93	24,0	1,22	29,3
	Mauer	01s								30,2	1,28	38,6

lfd. Nr.	Beschreibung	Kurz bez.	Stockwerk	x_1 x_2	y_1 y_2	z_1 z_2	Ausmaße in m x	y	z	Vol. m^3	δ'	Masse t
143	Mauer, Neubau	WW	(UEI)	-30,9 -30,5	-12,5 + 8,0	- 6,9 + 2,05	0,4	20,5	8,95	73,4	1,5	110,1
										5023,8	1,27	6367,4
	c) Pfeiler im Pendelsaal und Pendelkeller (Sandstein d = 2,4; Granit d = 2,8)											
144	Pfeiler S0	Oso	U	- 0,30+ 0,30	- 0,81- 0,31	- 0,39+ 1,04	0,60	0,50	1,43	0,4	2,4	1,0
145	" "	Ono	U	- 0,30+ 0,30	+ 0,31+ 0,81	- 0,39+ 1,04	0,60	0,50	1,43	0,4	2,4	1,0
146	" "	Om	U	- 0,30+ 0,30	- 1,02+ 1,02	+ 1,04+ 1,43	0,60	2,04	0,39	0,5	2,4	1,2
147	" "	Osu	U	- 0,30+ 0,30	- 1,02- 0,42	+ 1,43+ 2,62	0,60	0,60	1,19	0,4	2,4	1,0
148	" "	Onu	U	- 0,30+ 0,30	+ 0,42+ 1,02	+ 1,43+ 2,62	0,60	0,60	1,19	0,4	2,4	1,0
	Pfeiler S0	0								2,1	2,4	5,2
149	Pfeiler S1	1o	U	- 3,75- 3,15	- 0,30+ 0,30	+ 0,57+ 1,62	0,60	0,60	1,05	0,4	2,4	1,0
150	" "	1u	U	- 3,95- 2,95	- 0,50+ 0,50	+ 1,62+ 2,62	1,00	1,00	1,00	1,0	2,4	2,4
	Pfeiler S1	1								1,4	2,4	3,4
151	Pfeiler S11	11o	U	- 0,30+ 0,30	- 3,60- 3,00	+ 0,57+ 1,62	0,60	0,60	1,05	0,4	2,4	1,0
152	" "	11u	U	- 0,50+ 0,50	- 3,80- 2,80	+ 1,62+ 2,62	1,00	1,00	1,00	1,0	2,4	2,4
	Pfeiler S11	11								1,4	2,4	3,4
153	Pfeiler S8	8	U	- 3,95- 2,95	- 3,80- 2,80	+ 0,57+ 2,62	1,00	1,00	2,05	2,0	2,4	4,8
154	Stützpfeiler	St	K	-12,27-11,89	-12,75-11,85	+ 2,61+ 5,00	0,38	0,90	2,39	0,8	1,5	1,2
155	Pfeiler S6	6u	K	-13,46-12,86	-11,55-10,95	+ 4,36+ 5,00	0,60	0,60	0,64	0,2	1,5	0,3
156	Pfeiler Platte	6p	K	-13,46-12,86	-11,55-10,95	+ 4,29+ 4,36	0,60	0,60	0,07	0,0	2,4	0,0
	Pfeiler S6									0,2	1,59	0,3
157	Aushub um S7	A7	(K)	-11,44-10,54	-11,20-10,30	+ 5,00+ 6,00	0,90	0,90	1,00	0,8	1,7	- 1,4
158	Pfeiler S7	7	(K)	-11,39-10,59	-11,15-10,35	+ 5,10+ 6,00	0,80	0,80	0,90	0,6	1,5	0,9
										0,2		- 0,5
159	Platte über S7	Gp	(K)	-11,39-10,59	-11,05-10,45	+ 4,99+ 5,09	0,80	0,60	0,10	0,0	2,8	0,1
	d) Kohlenvorräte											
160	Füllschacht 18	Vwo	U	-16,60-15,48	+ 9,56+10,81	+ 1,63+ 2,23	1,12	1,25	0,60	0,8	1,2	1,0
161	" 17	Vwu	K	-16,04-14,71	+ 9,56+10,81	+ 2,23+ 4,25	1,33	1,25	2,02	3,4	1,2	4,1
162	NW-Keller	Vn	K	-14,7 -10,7	+ 5,9 +12,1	+ 3,50+ 5,00	4,0	6,2	1,50	37,2	1,2	44,6
										41,4	1,2	49,7
163	SO-Keller	Vo1	K	+15,1 +17,5	-15,2 - 9,3	+ 3,50+ 5,00	2,4	5,9	1,50	21,2	1,2	25,4
164	" "	Vo2	K	+18,2 +23,2	-15,2 -11,4	+ 3,50+ 5,00	5,0	3,8	1,50	28,5	1,2	34,2
										49,7	1,2	59,6
165	Freilagerung	Vs	U	+ 7,0 +24,0	-25,0 -22,0	+ 1,27+ 2,77	17,0	3,0	1,50	76,5	1,2	91,8

Abb. 6: NS-Schnitt (Übersicht)

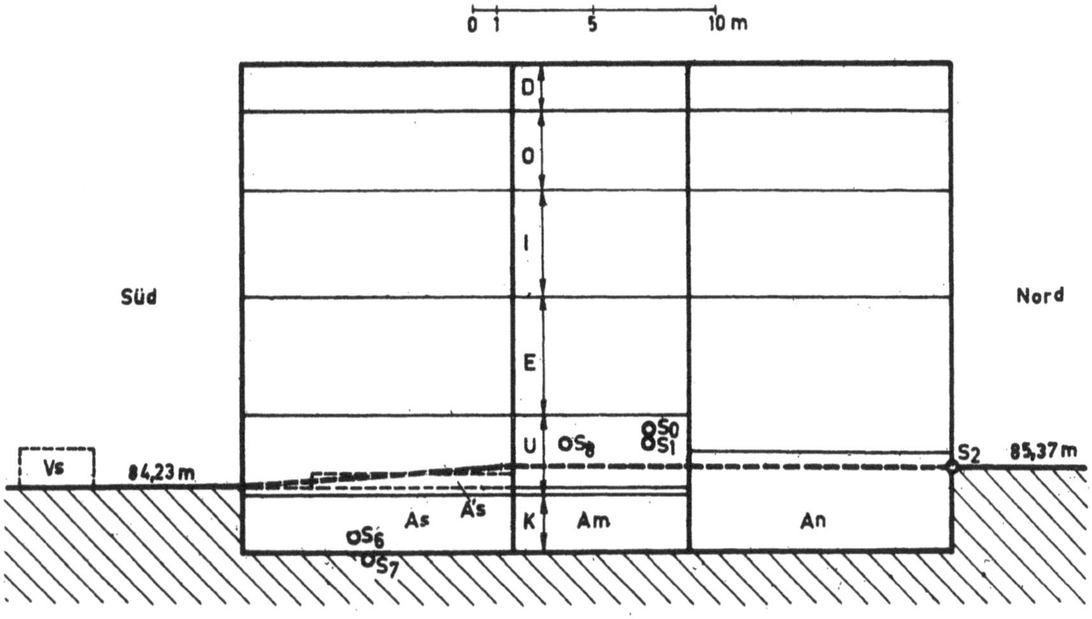

Abb. 7: Geländeaufbau (10-fach überhöht)

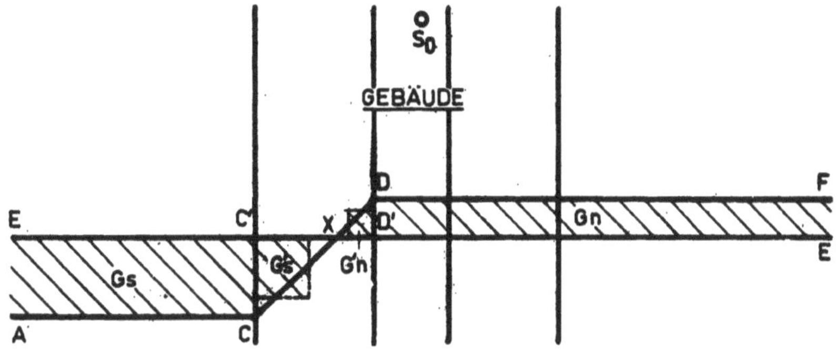

c) Der Aushub der Baugrube

In Abb. 8 sind alle Sandmassen A eingetragen, welche in der Rechnung berücksichtigt wurden, weil sie entfernt werden mußten, um das Institutsgebäude in seiner heutigen Gestalt erstehen zu lassen. As' und An' bedeuten die Massen, welche von den Quadern As bzw. An abgezogen werden müssen, um den tatsächlichen Grundriß des Instituts gerecht zu werden. Der Quader A's dagegen - s. a. Abb. 6 - ersetzt das wegen der Geländeneigung abzutragende dreiseitige Prisma. Der Kohleeinwurfschacht Aw ist nur berücksichtigt worden, weil sich in seiner unmittelbaren Nachbarschaft der Anschlußpfeiler S2 befindet; die schiefe Einwurfebene im unteren Teil Awu wurde der Rechnung wegen durch eine senkrechte ersetzt bei Wahrung der Volumengleichheit. Die Tiefe der Baugrube ist durch die Höhe 82,00 m des jetzigen Kellerfußbodens festgelegt worden. Bei tiefer gelegenen Räumen wurden die entsprechenden Bodenmassen in die Rechnung einbezogen; z. B. A'o im Ostkeller, A7 im Pendelkeller.

d) Der Aufbau des Institutsgebäudes

Das Institut wurde vom Kellerfußboden ab aufgebaut. Die Maße des Mauerwerks (Tab. 2) sind den alten Bauplänen entnommen. Veränderungen im Laufe der Jahre wurden berücksichtigt, Mauern unter 25 cm Wandstärke jedoch grundsätzlich vernachlässigt. Die Bezeichnung der einzelnen Mauern richtet sich nach ihrer Lage zur Längs- bzw. Querachse des Gebäudes, wobei die Numerierung von der Mitte aus erfolgt. Beispielsweise bedeutet W2n den nördlichen Teil der zweiten Mauer westlich der Querachse. Alle Bezeichnungen sind in Abb. 5 eingetragen. Die Teile einer Mauer mit verschiedener Wandstärke wurden gesondert behandelt. Die in Tab. 2 eingetragenen Abkürzungen K (Keller), U (Untergeschoß), E (Erdgeschoß), I (1. Stock), O (Obergeschoß), D (Dachgeschoß) sollen verdeutlichen, welche Stockwerke (Abb. 6) von dem betreffenden Bauteil berührt werden.

Im Hinblick darauf, daß die in Tab. 2 zusammengestellten Unterlagen gebraucht werden können, wenn an anderen Stellen im Geodätischen Institut die Gravitation ermittelt werden soll, - ich denke an die vorgesehene Absolutbestimmung im Ostkeller -, habe ich sämtliche Mauern des Gebäudes in die Rechnung einbezogen. Die Grenze, wo die Rechenstelle nicht mehr berührt wird, ist nur schwer festzustellen. Auch schien es mir nützlich zu sein, alle Einzelheiten über die Gravitationskräfte in den Tab. 3 (a-f) mitzuteilen.

Bei der Berechnung der Gravitation des Mauerrahmens R in der Institutsmitte wurde von der Gravitation des Gesamtblocks B jene der Innenräume BI und BII abgezogen. Ähnlich ist beim Schornstein C (= Cb - Ci) verfahren worden. Bei Pfeiler I unter dem Pendelsaal (Abb. 9c) ist der Einfluß des Gesamtblocks Ib um die Gravitation des Heizraumes H und seines Zugangs Hg vermindert worden. Praktisch ist es jedoch nicht möglich, die Gravitation jeder einzelnen Tür- oder Fensteröffnung zu bestimmen. Ihnen wurde durch entsprechende Herabsetzung der Dichte des betroffenen Mauerteils Rechnung getragen. Ist nämlich δ (= 1,5) die Dichte von Ziegelstein, V das Volumen des Mauerteils und v das Volumen aller darin fehlenden Massen, wie Tür- und Fensteröffnungen, Kamine, Luftschächte und -kanäle und dgl., so wurde der Einfachheit wegen für die Dichte des Mauerteils $\delta' = \delta(V - v)/v$ angenommen. Der Verputz des Mauerwerks, die Zwischendecken und das Dach blieben unberücksichtigt.

Abb. 8: Geländeaufbau und Aushub

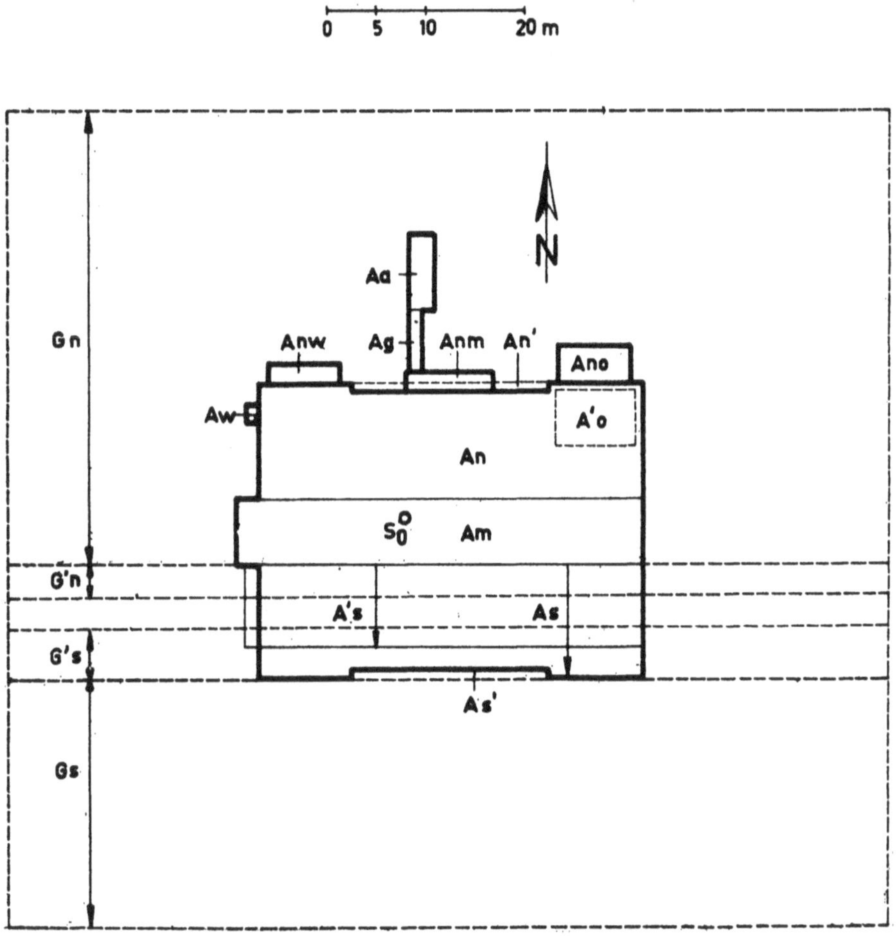

Tabelle 3a: Anziehung in μ Gal auf SO + ... m

Nr.	Kurzbez.	+0,00m	0,04 m	0,11 m	0,22 m	0,38 m	0,60 m	0,89 m	1,26 m
1	Gn	25,89	25,82	25,68	25,46	25,15	24,74	24,21	23,57
2	G'n	0,84	0,85	0,87	0,91	0,97	1,03	1,11	1,20
3	Gs	- 1,25-	1,27-	1,31-	1,36-	1,44-	1,55-	1,69-	1,87
4	G's	- 0,68-	0,69-	0,71-	0,73-	0,78-	0,84-	0,91-	1,00
		24,80	24,71	24,53	24,28	23,90	23,38	22,72	21,90
5	An	- 52,58-	52,78-	53,12-	53,60-	54,21-	54,88-	55,51-	55,97
6	An'	0,62	0,63	0,64	0,66	0,68	0,71	0,75	0,80
7	Am	-119,09-	118,19-	116,63-	114,25-	110,93-	106,60-	101,30-	95,14
8	As	- 18,48-	18,59-	18,78-	19,06-	19,45-	19,95-	20,53-	21,16
9	As'	0,29	0,29	0,29	0,30	0,31	0,32	0,34	0,36
10	A's	- 4,31-	4,37-	4,47-	4,62-	4,83-	5,10-	5,43-	5,80
		-193,55-	193,01-	192,07-	190,57-	188,43-	185,50-	181,68-	176,91
11	Anw	- 0,23-	0,23-	0,23-	0,24-	0,25-	0,27-	0,29-	0,31
12	Anm	- 0,49-	0,50-	0,51-	0,53-	0,55-	0,58-	0,62-	0,66
13	Ano	- 0,28-	0,28-	0,29-	0,30-	0,31-	0,33-	0,35-	0,37
14	Aa	- 0,12-	0,12-	0,12-	0,12-	0,13-	0,14-	0,15-	0,16
15	Ag	- 0,11-	0,11-	0,12-	0,12-	0,13-	0,13-	0,14-	0,15
16	Ao	- 0,13-	0,13-	0,13-	0,14-	0,14-	0,14-	0,15-	0,16
17	Awu	- 0,02-	0,02-	0,02-	0,02-	0,02-	0,02-	0,02-	0,02
18	Awo	0	0	0	0	0	0	0	0
		- 1,38-	1,39-	1,42-	1,47-	1,53-	1,61-	1,72-	1,83
19	B	67,59	67,11	66,27	64,98	63,16	60,76	57,77	54,22
20	B	-161,81-	160,11-	157,16-	152,57-	146,01-	137,20-	125,93-	112,07
21	B I	41,02	40,45	39,46	37,94	35,76	32,86	29,16	24,64
22	B II	27,02	26,71	26,16	25,31	24,06	22,35	20,10	17,23
23	W2m	- 0,74-	0,74-	0,74-	0,75-	0,76-	0,78-	0,81-	0,84
24	O2m	- 0,32-	0,32-	0,32-	0,32-	0,33-	0,33-	0,33-	0,33
	R	- 27,24-	26,90-	26,33-	25,41-	24,12-	22,34-	20,04-	17,15
25	Ib	37,16	36,73	36,00	34,89	33,36	31,39	29,04	26,37
26	H	- 2,26-	2,23-	2,18-	2,11-	2,01-	1,87-	1,71-	1,53
27	Hg	- 3,03-	3,00-	2,93-	2,84-	2,70-	2,53-	2,33-	2,10
	I	31,87	31,50	30,89	29,94	28,65	26,99	25,00	22,74
28	II	10,86	10,90	10,96	11,05	11,17	11,28	11,37	11,40
29	III	1,65	1,66	1,67	1,70	1,74	1,78	1,83	1,88
30	IV	0,44	0,45	0,45	0,46	0,48	0,50	0,52	0,55
31	Cb	0	0	0,01	0,01	0,03	0,04	0,06	0,09
32	Cb	- 0,37-	0,37-	0,37-	0,37-	0,38-	0,38-	0,38-	0,38
33	Ci	0,09	0,09	0,09	0,09	0,08	0,08	0,08	0,07
	C	- 0,28-	0,28-	0,27-	0,27-	0,27-	0,26-	0,24-	0,22
34	S1w	0,21	0,21	0,21	0,22	0,23	0,24	0,25	0,27
35	N1w	0,21	0,22	0,22	0,23	0,23	0,25	0,26	0,28
36	S2w	0,18	0,18	0,18	0,19	0,19	0,20	0,22	0,23
37	S2w	- 0,48-	0,48-	0,47-	0,46-	0,44-	0,42-	0,39-	0,35
38	S2w	- 0,43-	0,43-	0,44-	0,44-	0,44-	0,44-	0,45-	0,46
	S2w	- 0,73-	0,73-	0,73-	0,71-	0,69-	0,66-	0,62-	0,58
39	N2w	0,29	0,29	0,30	0,30	0,32	0,33	0,35	0,37
40	N2w	- 0,24-	0,24-	0,23-	0,22-	0,20-	0,17-	0,14-	0,09
41	N2w	- 0,37-	0,37-	0,37-	0,37-	0,37-	0,36-	0,36-	0,35
42	N2w	- 0,48-	0,48-	0,48-	0,49-	0,49-	0,50-	0,50-	0,51
	N2w	- 0,80-	0,80-	0,78-	0,77-	0,74-	0,70-	0,65-	0,58
43	S1o	0,04	0,04	0,04	0,04	0,04	0,04	0,05	0,05
44	S1o	- 0,12-	0,12-	0,12-	0,12-	0,11-	0,10-	0,09-	0,08
45	S1o	- 0,11-	0,11-	0,11-	0,11-	0,10-	0,10-	0,10-	0,10
	S1o	- 0,19-	0,19-	0,19-	0,18-	0,17-	0,16-	0,14-	0,13

Nr.	Kurzbez.		+0,00 m	0,04 m	0,11 m	0,22 m	0,38 m	0,60 m	0,89 m	1,26 m
46	N1o		0,03	0,03	0,04	0,04	0,04	0,04	0,04	0,04
47	N1o	-	0,12-	0,12-	0,12-	0,11-	0,11-	0,10-	0,09-	0,08
48	N1o	-	0,11-	0,11-	0,11-	0,11-	0,11-	0,11-	0,10-	0,10
	N1o	-	0,20-	0,20-	0,19-	0,18-	0,18-	0,17-	0,15-	0,14
49	S3w		0,10	0,10	0,10	0,10	0,11	0,11	0,12	0,12
50	S3w		0,03	0,03	0,03	0,03	0,04	0,04	0,05	0,06
51	S3w	-	0,30-	0,30-	0,30-	0,29-	0,29-	0,28-	0,27-	0,26
	S3w	-	0,17-	0,17-	0,17-	0,16-	0,14-	0,13-	0,10-	0,08
52	S'w	-	0,11-	0,11-	0,11-	0,10-	0,09-	0,08-	0,07-	0,05
53	S3o		0,03	0,03	0,03	0,03	0,03	0,03	0,03	0,03
54	S3o	-	0,02-	0,01-	0,01-	0,01-	0,01-	0,01	0	0
55	S3o	-	0,07-	0,07-	0,07-	0,07-	0,07-	0,06-	0,06-	0,06
	S3o	-	0,06-	0,05-	0,05-	0,05-	0,05-	0,04-	0,03-	0,03
56	N3w	-	0,22-	0,22-	0,22-	0,22-	0,22-	0,22-	0,22-	0,21
57	N3o		0,07	0,07	0,07	0,07	0,08	0,08	0,09	0,09
58	N3o	-	0,15-	0,15-	0,14-	0,14-	0,14-	0,13-	0,13-	0,12
	N3o	-	0,08-	0,08-	0,07-	0,07-	0,06-	0,05-	0,04-	0,03
59	S3m		0,66	0,66	0,67	0,68	0,69	0,71	0,74	0,76
60	S3m		0,24	0,25	0,26	0,29	0,32	0,36	0,42	0,49
61	S3m	-	2,20-	2,19-	2,17-	2,14-	2,09-	2,02-	1,92-	1,79
	S3m	-	1,30-	1,28-	1,24-	1,17-	1,08-	0,95-	0,76-	0,54
62	N3m		2,01	2,02	2,05	2,08	2,13	2,19	2,26	2,32
63	N3m	-	2,38-	2,38-	2,39-	2,41-	2,43-	2,45-	2,49-	2,52
	N3m	-	0,37-	0,36-	0,34-	0,33-	0,30-	0,26-	0,23-	0,20
64	S4w		0,09	0,09	0,09	0,09	0,09	0,10	0,10	0,11
65	S4w		0,03	0,03	0,03	0,03	0,04	0,04	0,05	0,06
66	S4w	-	0,28-	0,27-	0,27-	0,27-	0,26-	0,25-	0,24-	0,22
67	S4w	-	0,20-	0,20-	0,20-	0,20-	0,20-	0,20-	0,20-	0,20
	S4w	-	0,36-	0,35-	0,35-	0,35-	0,33-	0,31-	0,29-	0,25
68	S4m		0,28	0,28	0,28	0,29	0,30	0,31	0,33	0,35
69	S4m		0,09	0,09	0,09	0,10	0,12	0,13	0,15	0,18
70	S4m	-	0,26-	0,26-	0,25-	0,24-	0,23-	0,21-	0,18-	0,15
71	S4m	-	0,64-	0,64-	0,63-	0,63-	0,62-	0,62-	0,61-	0,59
	S4m	-	0,53-	0,53-	0,51-	0,48-	0,43-	0,39-	0,31-	0,21
72	S4o		0,04	0,04	0,04	0,04	0,04	0,05	0,05	0,05
73	S4o		0,01	0,01	0,01	0,01	0,02	0,02	0,02	0,03
74	S4o	-	0,13-	0,13-	0,13-	0,13-	0,13-	0,12-	0,11-	0,10
75	S4o	-	0,11-	0,11-	0,11-	0,11-	0,11-	0,11-	0,11-	0,11
	S4o	-	0,19-	0,19-	0,19-	0,19-	0,18-	0,16-	0,15-	0,13
76	N4w		0,17	0,18	0,18	0,19	0,20	0,22	0,24	0,26
77	N4w	-	0,29-	0,28-	0,28-	0,28-	0,27-	0,26-	0,25-	0,23
78	N4w	-	0,24-	0,24-	0,24-	0,24-	0,24-	0,24-	0,24-	0,24
	N4w	-	0,36-	0,34-	0,34-	0,33-	0,31-	0,28-	0,25-	0,21
79	N4m		0,86	0,88	0,90	0,94	0,99	1,07	1,16	1,27
80	N4m	-	0,42-	0,42-	0,41-	0,39-	0,37-	0,34-	0,29-	0,24
81	N4m	-	0,96-	0,96-	0,96-	0,95-	0,95-	0,94-	0,93-	0,91
	N4m	-	0,52-	0,50-	0,47-	0,40-	0,33-	0,21-	0,06	0,12
82	N4o		0,07	0,07	0,07	0,07	0,08	0,08	0,09	0,10
83	N4o	-	0,12-	0,12-	0,12-	0,12-	0,11-	0,11-	0,10-	0,09
84	N4o	-	1,12-	1,12-	1,12-	1,12-	1,12-	1,12-	1,12-	1,13
	N4o	-	1,17-	1,17-	1,17-	1,16-	1,16-	1,15-	1,13-	1,12
85	O4m		0,01	0,01	0,01	0,01	0,01	0,01	0,01	0,02
86	O4m	-	0,06-	0,06-	0,06-	0,06-	0,06-	0,05-	0,05-	0,05
	O4m	-	0,05-	0,05-	0,05-	0,05-	0,05-	0,04-	0,04-	0,03

Nr.	Kurzbez.	+0,00 m	0,04 m	0,11 m	0,22 m	0,38 m	0,60 m	0,89 m	1,26 m
87	03m	0,11	0,11	0,11	0,11	0,11	0,12	0,13	0,13
88	03m	0,04	0,04	0,05	0,05	0,06	0,06	0,08	0,09
89	03m	- 0,33-	0,33-	0,33-	0,32-	0,31-	0,30-	0,28-	0,26
90	03m	- 0,13-	0,13-	0,13-	0,13-	0,13-	0,13-	0,13-	0,13
	03m	- 0,31-	0,31-	0,30-	0,29-	0,27-	0,24-	0,21-	0,17
91	W4m	0,12	0,12	0,12	0,12	0,13	0,14	0,15	0,16
92	W4m	- 0,16-	0,16-	0,16-	0,15-	0,14-	0,13-	0,12-	0,10
93	W4m	- 0,26-	0,26-	0,26-	0,26-	0,26-	0,26-	0,26-	0,25
	W4m	- 0,30-	0,30-	0,30-	0,29-	0,27-	0,25-	0,23-	0,19
94	W3m	0,64	0,64	0,65	0,66	0,67	0,69	0,71	0,74
95	W3m	0,22	0,23	0,24	0,27	0,30	0,34	0,39	0,45
96	W3m	- 2,07-	2,06-	2,05-	2,04-	2,01-	1,98-	1,92-	1,85
	W3m	- 1,21-	1,19-	1,16-	1,11-	1,04-	0,95-	0,82-	0,66
97	W3n	- 0,11-	0,11-	0,10-	0,10-	0,09-	0,08-	0,06-	0,04
98	W3n	- 0,32-	0,32-	0,32-	0,32-	0,32-	0,32-	0,31-	0,31
	W3n	- 0,43-	0,43-	0,42-	0,42-	0,41-	0,40-	0,37-	0,35
99	03n	- 0,05-	0,05-	0,05-	0,05-	0,05-	0,05-	0,05-	0,05
100	03n	- 0,12-	0,12-	0,12-	0,12-	0,12-	0,12-	0,12-	0,12
	03n	- 0,17-	0,17-	0,17-	0,17-	0,17-	0,17-	0,17-	0,17
101	W4n	0,20	0,20	0,21	0,21	0,23	0,24	0,27	0,30
102	W4n	- 0,38-	0,37-	0,37-	0,36-	0,36-	0,34-	0,32-	0,30
103	W4n	- 0,35-	0,35-	0,35-	0,35-	0,35-	0,35-	0,35-	0,35
	W4n	- 0,53-	0,52-	0,51-	0,50-	0,48-	0,45-	0,40-	0,35
104	04n	0,07	0,07	0,07	0,07	0,08	0,08	0,09	0,10
105	04n	- 0,20-	0,20-	0,20-	0,19-	0,19-	0,18-	0,17-	0,16
106	04n	- 0,14-	0,14-	0,14-	0,14-	0,14-	0,14-	0,14-	0,13
	04n	- 0,27-	0,27-	0,27-	0,26-	0,25-	0,24-	0,22-	0,19
107	04s	0,05	0,05	0,05	0,05	0,05	0,05	0,06	0,06
108	04s	0,02	0,02	0,02	0,02	0,02	0,02	0,03	0,03
109	04s	- 0,18-	0,17-	0,17-	0,17-	0,16-	0,16-	0,15-	0,14
110	04s	- 0,12-	0,12-	0,12-	0,12-	0,12-	0,12-	0,12-	0,12
	04s	- 0,23-	0,22-	0,22-	0,22-	0,21-	0,20-	0,19-	0,17
111	W4s	0,13	0,13	0,13	0,13	0,14	0,14	0,15	0,16
112	W4s	0,04	0,04	0,04	0,05	0,05	0,06	0,07	0,08
113	W4s	- 0,42-	0,42-	0,41-	0,41-	0,39-	0,38-	0,36-	0,33
114	W4s	- 0,27-	0,27-	0,27-	0,27-	0,27-	0,27-	0,27-	0,26
	W4s	- 0,52-	0,52-	0,51-	0,50-	0,47-	0,45-	0,41-	0,35
115	W3s	0,08	0,08	0,08	0,08	0,08	0,09	0,09	0,10
116	W3s	0,02	0,03	0,03	0,03	0,03	0,04	0,04	0,05
117	W3s	- 0,32-	0,32-	0,32-	0,31-	0,31-	0,30-	0,29-	0,28
	W3s	- 0,22-	0,21-	0,21-	0,20-	0,19-	0,18-	0,16-	0,13
118	03s	0,03	0,03	0,03	0,03	0,04	0,04	0,04	0,04
119	03s	0,01	0,01	0,01	0,01	0,01	0,01	0,02	0,02
120	03s	- 0,08-	0,08-	0,08-	0,07-	0,07-	0,07-	0,06-	0,06
121	03s	- 0,11-	0,10-	0,10-	0,10-	0,10-	0,10-	0,10-	0,10
	03s	- 0,15-	0,14-	0,14-	0,13-	0,12-	0,11-	0,11-	0,10
122	02s	0,04	0,04	0,04	0,04	0,04	0,05	0,05	0,05
123	02s	- 0,12-	0,12-	0,11-	0,11-	0,11-	0,10-	0,09-	0,08
124	02s	- 0,67-	0,67-	0,67-	0,67-	0,67-	0,67-	0,67-	0,67
	02s	- 0,75-	0,75-	0,74-	0,74-	0,73-	0,72-	0,71-	0,70
125	02n	0,14	0,14	0,14	0,14	0,15	0,16	0,17	0,18
126	02n	- 0,28-	0,27-	0,27-	0,26-	0,25-	0,24-	0,22-	0,20
127	02n	- 0,28-	0,28-	0,28-	0,28-	0,28-	0,28-	0,28-	0,28
	02n	- 0,42-	0,41-	0,41-	0,40-	0,38-	0,36-	0,33-	0,30

Nr.	Kurzbez.	+0,00 m	0,04 m	0,11 m	0,22 m	0,38 m	0,60 m	0,89 m	1,26 m
128	W2s	0,11	0,11	0,11	0,12	0,12	0,13	0,13	0,14
129	W2s	- 0,30-	0,30-	0,29-	0,28-	0,27-	0,25-	0,23-	0,19
130	W2s	- 0,47-	0,47-	0,48-	0,48-	0,48-	0,48-	0,49-	0,50
	W2s	- 0,66-	0,66-	0,65-	0,64-	0,62-	0,60-	0,59-	0,55
131	W2n	0,54	0,55	0,56	0,57	0,59	0,62	0,65	0,69
132	W2n	- 0,96-	0,95-	0,94-	0,92-	0,89-	0,85-	0,79-	0,72
133	W2n	- 0,65-	0,65-	0,66-	0,66-	0,67-	0,68-	0,69-	0,71
	W2n	- 1,07-	1,05-	1,04-	1,01-	0,97-	0,91-	0,83-	0,74
134	W1s	0,13	0,13	0,13	0,13	0,14	0,14	0,15	0,15
135	W1s	- 0,30-	0,29-	0,29-	0,28-	0,27-	0,25-	0,22-	0,19
	W1s	- 0,17-	0,16-	0,16-	0,15-	0,13-	0,10-	0,07-	0,04
136	W1n	0,58	0,59	0,60	0,61	0,63	0,65	0,68	0,70
137	W1n	- 0,29-	0,29-	0,29-	0,29-	0,29-	0,30-	0,30-	0,30
	W1n	0,29	0,30	0,31	0,32	0,34	0,35	0,38	0,40
138	Mn	- 0,23-	0,23-	0,23-	0,23-	0,23-	0,23-	0,23-	0,23
139	O1n	0,18	0,19	0,19	0,19	0,20	0,21	0,23	0,24
140	O1n	- 0,14-	0,14-	0,14-	0,14-	0,14-	0,14-	0,13-	0,13
	O1n	0,04	0,05	0,05	0,05	0,06	0,07	0,10	0,11
141	O1s	0,07	0,07	0,07	0,07	0,08	0,08	0,08	0,09
142	O1s	- 0,16-	0,16-	0,16-	0,15-	0,15-	0,14-	0,12-	0,11
	O1s	- 0,09-	0,09-	0,09-	0,08-	0,07-	0,06-	0,04-	0,02
143	Ww	- 0,06-	0,05-	0,05-	0,05-	0,05-	0,04-	0,04-	0,03
144	Oso	2,94	3,30	3,92	4,80	5,58	5,29	3,92	2,55
145	Ono	2,94	3,30	3,92	4,80	5,58	5,29	3,92	2,55
146	Om	3,82	3,63	3,34	2,93	2,46	1,97	1,52	1,13
147	Osü	1,46	1,41	1,33	1,22	1,08	0,92	0,76	0,60
148	Onu	1,46	1,41	1,33	1,22	1,08	0,92	0,76	0,60
	O	12,62	13,05	13,84	14,97	15,78	14,39	10,88	7,43
149	1o	0,14	0,14	0,15	0,16	0,17	0,18	0,19	0,19
150	1n	0,51	0,51	0,51	0,52	0,52	0,51	0,50	0,48
	1	0,65	0,65	0,66	0,68	0,69	0,69	0,69	0,67
151	11o	0,15	0,16	0,17	0,17	0,19	0,20	0,21	0,21
152	11u	0,56	0,56	0,56	0,57	0,56	0,56	0,54	0,51
	11	0,71	0,72	0,73	0,74	0,75	0,76	0,75	0,72
153	8	0,39	0,40	0,41	0,43	0,45	0,48	0,51	0,53
160	Vwo	0	0	0	0	0	0	0	0
161	Vwu	0,01	0,01	0,01	0,01	0,01	0,02	0,02	0,02
162	Vn	0,31	0,31	0,31	0,32	0,33	0,34	0,35	0,37
		0,32	0,32	0,32	0,33	0,34	0,36	0,37	0,39
163	Vo1	0,08	0,08	0,08	0,08	0,09	0,09	0,09	0,10
164	Vo2	0,06	0,06	0,06	0,07	0,07	0,07	0,07	0,08
		0,14	0,14	0,14	0,15	0,16	0,16	0,17	0,18
165	Vs	0,06	0,06	0,06	0,06	0,07	0,07	0,08	0,09
1- 4	Gel.Aufbau	24,80	24,71	24,53	24,28	23,90	23,38	22,72	21,90
5- 18	Baugrube	-194,93-	194,40-	193,49-	192,04-	189,96-	187,11-	183,40-	178,74
19-143	Geb.Aufbau	2,85	3,11	3,41	4,00	4,94	6,24	8,06	10,42
144-153	Nahpfeiler	14,37	14,82	15,64	16,82	17,67	16,32	12,83	9,35
1-153		-152,91-	151,76-	149,91-	146,94-	143,45-	141,17-	139,79-	137,07
160-165	Kohlen	0,52	0,52	0,53	0,54	0,57	0,59	0,62	0,66

Tabelle 3b: Anziehung in μ Gal auf S8 + ... m

Nr.	Kurzbez.	+0,00 m	0,04 m	0,11 m	0,22 m	0,38 m	0,60 m	0,89 m	1,26 m
1	Gn	23,47	23,32	23,06	22,67	22,14	21,47	20,70	19,86
2	G'n	2,50	2,54	2,61	2,71	2,84	2,97	3,08	3,15
3	Gs	-1,35	-1,38	-1,43	-1,51	-1,62	-1,78	-1,98	-2,23
4	G's	-0,92	-0,94	-0,98	-1,03	-1,11	-1,21	-1,34	-1,50
		23,70	23,54	23,26	22,84	22,25	21,45	20,46	19,28
5	An	-19,46	-19,69	-20,07	-20,66	-21,48	-22,56	-23,87	-25,36
6	An'	0,26	0,27	0,27	0,28	0,30	0,31	0,34	0,37
7	Am	-128,80	-127,74	-125,93	-123,16	-119,32	-114,36	-108,33	-101,39
8	As	-38,39	-38,47	-38,61	-38,80	-39,01	-39,21	-39,33	-39,28
9	As'	0,38	0,38	0,39	0,40	0,42	0,44	0,46	0,49
10	A's	-10,76	-10,88	-11,08	-11,37	-11,74	-12,16	-12,57	-12,90
		-196,77	-196,13	-195,03	-193,31	-190,83	-187,54	-183,30	-178,07
11	Anw	-0,15	-0,15	-0,16	-0,16	-0,17	-0,19	-0,20	-0,22
12	Anm	-0,19	-0,19	-0,20	-0,21	-0,22	-0,23	-0,25	-0,28
13	Ano	-0,14	-0,14	-0,14	-0,15	-0,15	-0,17	-0,18	-0,20
14	Aa	-0,06	-0,06	-0,06	-0,07	-0,07	-0,08	-0,08	-0,09
15	Ag	-0,05	-0,05	-0,05	-0,06	-0,06	-0,06	-0,07	-0,08
16	Ao	-0,07	-0,07	-0,07	-0,07	-0,07	-0,07	-0,08	-0,08
17	Awu	-0,02	-0,02	-0,02	-0,02	-0,02	-0,02	-0,02	-0,02
18	Awo	0	0	0	0	0	0	0	0
		-0,68	-0,69	-0,70	-0,73	-0,76	-0,82	-0,88	-0,97
19	B	64,78	64,22	63,28	61,82	59,80	57,17	53,95	50,23
20	B	-157,44	-155,82	-153,00	-148,64	-142,45	-134,21	-123,79	-111,16
21	BI	48,48	47,87	46,80	45,16	42,83	39,74	35,82	31,06
22	BII	17,13	16,98	16,71	16,28	15,65	14,78	13,61	12,10
23	W2m	-0,83	-0,84	-0,84	-0,86	-0,87	-0,90	-0,93	-0,98
24	O2m	-0,22	-0,22	-0,22	-0,22	-0,23	-0,23	-0,23	-0,23
	R	-28,10	-27,81	-27,27	-26,46	-25,27	-23,65	-21,57	-18,98
25	Ib	42,43	41,91	41,03	39,69	37,85	35,52	32,73	29,61
26	H	-2,39	-2,37	-2,32	-2,26	-2,16	-2,03	-1,88	-1,69
27	Hg	-1,44	-1,43	-1,43	-1,41	-1,39	-1,36	-1,32	-1,26
	I	38,60	38,11	37,28	36,02	34,30	32,13	29,53	26,66
28	II	3,37	3,40	3,47	3,56	3,70	3,87	4,08	4,32
29	III	0,72	0,73	0,74	0,76	0,79	0,82	0,87	0,92
30	IV	0,17	0,17	0,18	0,18	0,19	0,20	0,22	0,23
31	Cb	-0,04	-0,03	-0,03	-0,02	-0,01	0	0,02	0,04
32	Cb	-0,34	-0,34	-0,34	-0,35	-0,35	-0,35	-0,35	-0,35
33	Ci	0,09	0,09	0,09	0,09	0,09	0,08	0,08	0,08
	C	-0,29	-0,28	-0,28	-0,28	-0,27	-0,27	-0,25	-0,23
34	S1w	0,49	0,49	0,50	0,52	0,54	0,57	0,60	0,63
35	N1w	0,40	0,40	0,41	0,42	0,44	0,47	0,49	0,53
36	S2w	0,44	0,45	0,46	0,47	0,49	0,52	0,55	0,58
37	S2w	-1,30	-1,29	-1,28	-1,26	-1,23	-1,19	-1,12	-1,04
38	S2w	-0,68	-0,69	-0,69	-0,70	-0,71	-0,73	-0,75	-0,78
	S2w	-1,54	-1,53	-1,51	-1,49	-1,45	-1,40	-1,32	-1,24
39	N2w	0,42	0,43	0,44	0,45	0,47	0,50	0,53	0,57
40	N2w	-0,53	-0,52	-0,51	-0,49	-0,46	-0,41	-0,36	-0,28
41	N2w	-0,56	-0,56	-0,56	-0,57	-0,57	-0,57	-0,56	-0,56
42	N2w	-0,58	-0,59	-0,59	-0,59	-0,60	-0,61	-0,63	-0,64
	N2w	-1,25	-1,24	-1,22	-1,20	-1,16	-1,09	-1,02	-0,91
43	S1o	0,02	0,02	0,02	0,02	0,02	0,03	0,03	0,03
44	S1o	-0,10	-0,10	-0,09	-0,09	-0,09	-0,08	-0,08	-0,07
45	S1o	-0,08	-0,08	-0,08	-0,08	-0,08	-0,08	-0,08	-0,07
	S1o	-0,16	-0,16	-0,15	-0,15	-0,14	-0,14	-0,13	-0,11

Nr.	Kurzbez.	+0,00 m	0,04 m	0,11 m	0,22 m	0,38 m	0,60 m	0,89 m	1,26 m
46	N1o	0,02	0,02	0,02	0,02	0,02	0,02	0,02	0,02
47	N1o	- 0,09-	0,09-	0,09-	0,08-	0,08-	0,08-	0,07-	0,06
48	N1o	- 0,07-	0,07-	0,07-	0,07-	0,07-	0,07-	0,07-	0,07
	N1o	- 0,14-	0,14-	0,14-	0,13-	0,13-	0,13-	0,12-	0,11
49	S3w	0,27	0,27	0,27	0,28	0,29	0,30	0,31	0,32
50	S3w	0,04	0,05	0,05	0,06	0,08	0,09	0,12	0,15
51	S3w	- 0,72-	0,72-	0,72-	0,71-	0,71-	0,70-	0,68-	0,66
	S3w	- 0,41-	0,40-	0,40-	0,37-	0,34-	0,31-	0,25-	0,19
52	S'w	- 0,33-	0,32-	0,32-	0,30-	0,29-	0,26-	0,23-	0,18
53	S3o	0,02	0,02	0,02	0,02	0,02	0,02	0,02	0,02
54	S3o	- 0,02-	0,02-	0,02-	0,01-	0,01-	0,01-	0,01	0
55	S3o	- 0,05-	0,05-	0,05-	0,05-	0,05-	0,05-	0,05-	0,05
	S3o	- 0,05-	0,05-	0,05-	0,04-	0,04-	0,04-	0,04-	0,03
56	N3w	- 0,25-	0,25-	0,25-	0,25-	0,25-	0,25-	0,25-	0,24
57	N3o	0,03	0,03	0,03	0,03	0,04	0,04	0,04	0,05
58	N3o	- 0,10-	0,10-	0,10-	0,09-	0,09-	0,09-	0,08-	0,08
	N3o	- 0,07-	0,07-	0,07-	0,06-	0,05-	0,05-	0,04-	0,03
59	S3m	1,21	1,22	1,23	1,25	1,27	1,29	1,32	1,34
60	S3m	0,28	0,30	0,34	0,40	0,48	0,60	0,74	0,90
61	S3m	- 4,12-	4,11-	4,09-	4,07-	4,03-	3,96-	3,85-	3,69
	S3m	- 2,63-	2,59-	2,52-	2,42-	2,28-	2,07-	1,79-	1,45
62	N3m	0,56	0,57	0,59	0,61	0,64	0,68	0,72	0,78
63	N3m	- 1,15-	1,15-	1,15-	1,15-	1,15-	1,15-	1,14-	1,13
	N3m	- 0,59-	0,58-	0,56-	0,54-	0,51-	0,47-	0,42-	0,35
64	S4w	0,17	0,17	0,17	0,18	0,18	0,19	0,20	0,22
65	S4w	0,03	0,03	0,03	0,04	0,05	0,06	0,08	0,10
66	S4w	- 0,61-	0,61-	0,60-	0,59-	0,58-	0,56-	0,54-	0,51
67	S4w	- 0,34-	0,34-	0,34-	0,34-	0,34-	0,34-	0,35-	0,35
	S4w	- 0,75-	0,75-	0,74-	0,71-	0,69-	0,65-	0,61-	0,54
68	S4m	0,38	0,38	0,39	0,40	0,41	0,43	0,46	0,49
69	S4m	0,07	0,07	0,08	0,09	0,11	0,14	0,18	0,22
70	S4m	- 0,49-	0,48-	0,47-	0,46-	0,44-	0,41-	0,37-	0,32
71	S4m	- 0,90-	0,89-	0,89-	0,89-	0,89-	0,88-	0,88-	0,87
	S4m	- 0,94-	0,92-	0,89-	0,86-	0,81-	0,72-	0,61-	0,48
72	S4o	0,03	0,03	0,03	0,03	0,03	0,04	0,04	0,04
73	S4o	0,01	0,01	0,01	0,01	0,01	0,01	0,01	0,02
74	S4o	- 0,13-	0,13-	0,13-	0,13-	0,13-	0,12-	0,12-	0,11
75	S4o	- 0,10-	0,10-	0,10-	0,10-	0,10-	0,10-	0,10-	0,10
	S4o	- 0,19-	0,19-	0,19-	0,19-	0,18-	0,18-	0,17-	0,16
76	N4w	0,11	0,11	0,11	0,12	0,13	0,14	0,16	0,18
77	N4w	- 0,26-	0,26-	0,26-	0,25-	0,25-	0,24-	0,23-	0,21
78	N4w	- 0,21-	0,21-	0,21-	0,21-	0,21-	0,21-	0,21-	0,21
	N4w	- 0,36-	0,36-	0,36-	0,34-	0,33-	0,31-	0,28-	0,24
79	N4m	0,31	0,32	0,33	0,35	0,38	0,42	0,47	0,53
80	N4m	- 0,24-	0,24-	0,23-	0,23-	0,22-	0,20-	0,18-	0,15
81	N4m	- 0,55-	0,55-	0,55-	0,55-	0,54-	0,54-	0,53-	0,52
	N4m	- 0,48-	0,47-	0,45-	0,43-	0,38-	0,32-	0,24-	0,14
82	N4o	0,03	0,03	0,03	0,03	0,04	0,04	0,04	0,05
83	N4o	- 0,08-	0,08-	0,08-	0,07-	0,07-	0,07-	0,07-	0,06
84	N4o	- 0,77-	0,77-	0,77-	0,77-	0,77-	0,76-	0,76-	0,76
	N4o	- 0,82-	0,82-	0,82-	0,81-	0,80-	0,79-	0,78-	0,77
85	O4m	0,01	0,01	0,01	0,01	0,01	0,01	0,01	0,01
86	O4m	- 0,04-	0,04-	0,04-	0,04-	0,04-	0,04-	0,04-	0,04
	O4m	- 0,03-	0,03-	0,03-	0,03-	0,03-	0,03-	0,03-	0,03

Nr.	Kurzbez.		+0,00 m	0,04 m	0,11 m	0,22 m	0,38 m	0,60 m	0,89 m	1,26 m
87	03m		0,05	0,05	0,06	0,06	0,06	0,06	0,07	0,07
88	03m		0,01	0,01	0,01	0,02	0,02	0,03	0,03	0,04
89	03m	-	0,23-	0,23-	0,23-	0,22-	0,22-	0,21-	0,20-	0,18
90	03m	-	0,09-	0,09-	0,09-	0,09-	0,09-	0,09-	0,09-	0,09
	03m	-	0,26-	0,26-	0,25-	0,23-	0,22-	0,21-	0,19-	0,16
91	W4m		0,18	0,18	0,19	0,19	0,20	0,22	0,23	0,25
92	W4m	-	0,33-	0,33-	0,32-	0,31-	0,30-	0,29-	0,26-	0,23
93	W4m	-	0,40-	0,40-	0,40-	0,40-	0,40-	0,40-	0,40-	0,40
	W4m	-	0,55-	0,55-	0,53-	0,52-	0,50-	0,47-	0,43-	0,38
94	W3m		1,44	1,45	1,46	1,48	1,50	1,53	1,55	1,57
95	W3m		0,31	0,33	0,37	0,44	0,53	0,65	0,81	0,99
96	W3m	-	3,97-	3,96-	3,96-	3,96-	3,94-	3,92-	3,87-	3,78
	W3m	-	2,22-	2,18-	2,13-	2,04-	1,91-	1,74-	1,51-	1,22
97	W3n	-	0,12-	0,12-	0,12-	0,11-	0,11-	0,10-	0,08-	0,06
98	W3n	-	0,29-	0,29-	0,29-	0,29-	0,29-	0,29-	0,29-	0,28
	W3n	-	0,41-	0,41-	0,41-	0,40-	0,40-	0,39-	0,37-	0,34
99	03n	-	0,03-	0,03-	0,03-	0,03-	0,03-	0,03-	0,03-	0,03
100	03n	-	0,08-	0,08-	0,08-	0,08-	0,07-	0,07-	0,07-	0,07
	03n	-	0,11-	0,11-	0,11-	0,11-	0,10-	0,10-	0,10-	0,10
101	W4n		0,19	0,19	0,20	0,21	0,23	0,25	0,28	0,32
102	W4n	-	0,50-	0,49-	0,49-	0,48-	0,48-	0,46-	0,44-	0,41
103	W4n	-	0,40-	0,40-	0,40-	0,40-	0,40-	0,40-	0,40-	0,41
	W4n	-	0,71-	0,70-	0,69-	0,67-	0,65-	0,61-	0,56-	0,50
104	04n		0,03	0,03	0,03	0,04	0,04	0,04	0,05	0,05
105	04n	-	0,14-	0,14-	0,14-	0,14-	0,13-	0,13-	0,12-	0,11
106	04n	-	0,10-	0,10-	0,10-	0,10-	0,10-	0,10-	0,09-	0,09
	04n	-	0,21-	0,21-	0,21-	0,20-	0,19-	0,19-	0,16-	0,15
107	04s		0,03	0,03	0,03	0,03	0,03	0,04	0,04	0,04
108	04s		0,01	0,01	0,01	0,01	0,01	0,01	0,02	0,02
109	04s	-	0,15-	0,15-	0,15-	0,14-	0,14-	0,14-	0,13-	0,12
110	04s	-	0,10-	0,10-	0,10-	0,10-	0,10-	0,10-	0,10-	0,10
	04s	-	0,21-	0,21-	0,21-	0,20-	0,20-	0,19-	0,17-	0,16
111	W4s		0,25	0,26	0,26	0,27	0,28	0,29	0,31	0,33
112	W4s		0,04	0,05	0,05	0,06	0,08	0,10	0,12	0,15
113	W4s	-	0,95-	0,95-	0,94-	0,93-	0,91-	0,89-	0,85-	0,80
114	W4s	-	0,45-	0,45-	0,45-	0,46-	0,46-	0,46-	0,46-	0,47
	W4s	-	1,11-	1,09-	1,08-	1,06-	1,01-	0,96-	0,88-	0,79
115	W3s		0,19	0,19	0,20	0,20	0,21	0,22	0,22	0,24
116	W3s		0,04	0,04	0,04	0,05	0,06	0,08	0,10	0,12
117	W3s	-	0,75-	0,75-	0,75-	0,74-	0,74-	0,73-	0,71-	0,69
	W3s	-	0,52-	0,52-	0,51-	0,49-	0,47-	0,43-	0,39-	0,33
118	03s		0,02	0,02	0,02	0,02	0,03	0,03	0,03	0,03
119	03s		0	0	0	0	0,01	0,01	0,01	0,01
120	03s	-	0,07-	0,07-	0,07-	0,07-	0,07-	0,06-	0,06-	0,06
121	03s	-	0,09-	0,09-	0,09-	0,09-	0,09-	0,08-	0,08-	0,08
	03s	-	0,14-	0,14-	0,14-	0,13-	0,12-	0,11-	0,10-	0,10
122	02s		0,03	0,03	0,03	0,03	0,03	0,03	0,04	0,04
123	02s	-	0,12-	0,11-	0,11-	0,11-	0,11-	0,10-	0,09-	0,08
124	02s	-	0,48-	0,48-	0,48-	0,48-	0,48-	0,48-	0,48-	0,47
	02s	-	0,57-	0,56-	0,56-	0,56-	0,56-	0,55-	0,53-	0,51
125	02n		0,06	0,06	0,06	0,06	0,06	0,07	0,07	0,08
126	02n	-	0,16-	0,16-	0,16-	0,15-	0,15-	0,14-	0,13-	0,12
127	02n	-	0,17-	0,17-	0,17-	0,17-	0,17-	0,17-	0,16-	0,16
	02n	-	0,27-	0,27-	0,27-	0,26-	0,26-	0,24-	0,22-	0,20

Nr.	Kurzbez.	+0,00 m	0,04 m	0,11 m	0,22 m	0,38 m	0,60 m	0,89 m	1,26 m
128	W2s	0,31	0,31	0,32	0,32	0,33	0,34	0,35	0,36
129	W2s	- 0,86-	0,86-	0,85-	0,83-	0,80-	0,75-	0,70-	0,62
130	W2s	- 0,77-	0,78-	0,78-	0,79-	0,80-	0,82-	0,85-	0,88
	W2s	- 1,32-	1,32-	1,31-	1,30-	1,27-	1,23-	1,20-	1,14
131	W2n	0,31	0,32	0,32	0,34	0,35	0,37	0,40	0,44
132	W2n	- 0,78-	0,77-	0,77-	0,75-	0,73-	0,71-	0,67-	0,61
133	W2n	- 0,54-	0,54-	0,54-	0,54-	0,55-	0,55-	0,56-	0,57
	W2n	- 1,01-	0,99-	0,98-	0,95-	0,93-	0,89-	0,83-	0,74
134	W1s	0,22	0,22	0,23	0,23	0,24	0,24	0,25	0,26
135	W1s	- 0,58-	0,58-	0,57-	0,55-	0,53-	0,51-	0,47-	0,42
	W1s	- 0,36-	0,36-	0,34-	0,32-	0,29-	0,27-	0,22-	0,16
136	W1n	0,18	0,18	0,19	0,20	0,21	0,22	0,24	0,26
137	W1n	- 0,15-	0,15-	0,15-	0,14-	0,14-	0,14-	0,14-	0,14
	W1n	0,03	0,03	0,04	0,06	0,07	0,08	0,10	0,12
138	Mn	- 0,10-	0,10-	0,10-	0,10-	0,10-	0,10-	0,10-	0,10
139	01n	0,06	0,06	0,06	0,07	0,07	0,07	0,08	0,09
140	01n	- 0,07-	0,07-	0,07-	0,07-	0,07-	0,07-	0,06-	0,06
	01n	- 0,01-	0,01-	0,01	0	0	0	0,02	0,03
141	01s	0,06	0,06	0,06	0,06	0,06	0,07	0,07	0,08
142	01s	- 0,18-	0,18-	0,18-	0,17-	0,17-	0,16-	0,14-	0,13
	01s	- 0,12-	0,12-	0,12-	0,11-	0,11-	0,09-	0,07-	0,05
143	Ww	- 0,10-	0,09-	0,09-	0,09-	0,08-	0,08-	0,07-	0,06
144	Oso	- 0,02-	0,02-	0,01	0	0,01	0,03	0,05	0,07
145	Ono	- 0,01-	0,01-	0,01	0	0,01	0,02	0,03	0,05
146	Om	0,05	0,05	0,05	0,06	0,07	0,08	0,10	0,11
147	Osu	0,10	0,11	0,11	0,11	0,12	0,13	0,13	0,14
148	Onu	0,06	0,06	0,06	0,07	0,07	0,07	0,08	0,09
	0	0,18	0,19	0,20	0,24	0,28	0,33	0,39	0,46
149	1o	0,08	0,09	0,10	0,11	0,13	0,16	0,18	0,20
150	1n	0,51	0,52	0,53	0,54	0,55	0,56	0,56	0,55
	1	0,59	0,61	0,63	0,65	0,68	0,72	0,74	0,75
151	11o	0,07	0,08	0,09	0,10	0,12	0,14	0,16	0,18
152	11u	0,46	0,46	0,47	0,49	0,50	0,51	0,51	0,51
	11	0,53	0,54	0,56	0,59	0,62	0,65	0,67	0,69
153	8	48,75	45,02	39,15	31,57	23,51	16,41	11,02	7,30
160	Vwo	0	0	0	0	0	0	0	0
161	Vwu	0,01	0,01	0,01	0,01	0,01	0,01	0,02	0,02
162	Vn	0,29	0,29	0,30	0,30	0,31	0,33	0,34	0,36
		0,30	0,30	0,31	0,31	0,32	0,34	0,36	0,38
163	Vo1	0,06	0,06	0,06	0,06	0,06	0,07	0,07	0,08
164	Vo2	0,05	0,05	0,05	0,05	0,05	0,05	0,06	0,06
		0,11	0,11	0,11	0,11	0,11	0,12	0,13	0,14
165	Vs	0,04	0,05	0,05	0,05	0,06	0,06	0,07	0,08
1- 4	Gel.Aufbau	23,70	23,54	23,26	22,84	22,25	21,45	20,46	19,28
5- 18	Baugrube	-197,45-	196,82-	195,79-	194,04-	191,59-	188,36-	184,18-	179,04
19-143	Geb.Aufbau	- 5,91-	5,83-	5,65-	5,26-	4,74-	3,84-	2,34-	0,16
144-153	Nahpfeiler	50,05	46,36	40,54	33,05	25,09	18,11	12,82	9,20
1-153		-129,61-	132,75-	137,64-	143,41-	148,99-	152,64-	153,24-	150,72
160-165	Kohlen	0,45	0,46	0,47	0,48	0,50	0,52	0,56	0,60

Tabelle 3c: Anziehung in μ Gal auf S1 + ... m

Nr.	Kurzbez.	+0,00 m	0,04 m	0,11 m	0,22 m	0,38 m	0,60 m	0,89 m	1,26 m
1	Gn	27,05	26,97	26,82	26,60	26,27	25,83	25,26	24,56
2	G'n	0,61	0,63	0,66	0,70	0,76	0,85	0,95	1,06
3	Gs	-0,96	-0,98	-1,01	-1,07	-1,15	-1,26	-1,40	-1,59
4	G's	-0,51	-0,53	-0,54	-0,58	-0,62	-0,68	-0,76	-0,86
		26,19	26,09	25,93	25,65	25,26	24,74	24,05	23,17
5	An	-47,98	-48,30	-48,84	-49,62	-50,63	-51,80	-52,99	-54,03
6	An'	0,45	0,46	0,47	0,49	0,51	0,54	0,58	0,62
7	Am	-132,82	-131,73	-129,87	-127,02	-123,04	-117,87	-111,58	-104,28
8	As	-16,27	-16,40	-16,63	-16,97	-17,44	-18,04	-18,76	-19,55
9	As'	0,22	0,22	0,23	0,23	0,24	0,25	0,27	0,29
10	A's	-3,37	-3,43	-3,54	-3,72	-3,96	-4,28	-4,67	-5,11
		-199,77	-199,18	-198,18	-196,61	-194,32	-191,20	-187,15	-182,06
11	Anw	-0,25	-0,26	-0,26	-0,27	-0,29	-0,31	-0,34	-0,37
12	Anm	-0,32	-0,32	-0,33	-0,34	-0,36	-0,39	-0,42	-0,46
13	Ano	-0,17	-0,17	-0,18	-0,18	-0,19	-0,20	-0,22	-0,24
14	Aa	-0,09	-0,09	-0,09	-0,10	-0,10	-0,11	-0,12	-0,13
15	Ag	-0,09	-0,09	-0,09	-0,09	-0,10	-0,10	-0,11	-0,12
16	Ao	-0,08	-0,08	-0,08	-0,08	-0,09	-0,09	-0,09	-0,10
17	Awu	-0,03	-0,03	-0,03	-0,03	-0,03	-0,03	-0,03	-0,04
18	Awo	0	0	0	0	0	0	0	-0,01
		-1,03	-1,04	-1,06	-1,09	-1,16	-1,23	-1,33	-1,47
19	B	66,06	65,50	64,54	63,07	61,01	58,33	55,06	51,25
20	B	-160,22	-158,57	-155,70	-151,27	-144,97	-136,58	-125,97	-113,09
21	BI	49,59	48,96	47,86	46,17	43,78	40,59	36,57	31,69
22	BII	17,30	17,15	16,88	16,45	15,81	14,93	13,75	12,22
23	W2m	-0,84	-0,84	-0,85	-0,86	-0,88	-0,90	-0,94	-0,99
24	O2m	-0,23	-0,23	-0,23	-0,23	-0,23	-0,23	-0,23	-0,23
	R	-28,34	-28,03	-27,50	-26,67	-25,48	-23,86	-21,76	-19,15
25	Ib	44,07	43,53	42,61	41,21	39,29	36,84	33,92	30,63
26	H	-2,71	-2,67	-2,62	-2,53	-2,41	-2,25	-2,05	-1,83
27	Hg	-3,64	-3,59	-3,51	-3,39	-3,23	-3,01	-2,76	-2,47
	I	37,72	37,27	36,48	35,29	33,65	31,58	29,11	26,33
28	II	3,42	3,46	3,52	3,62	3,75	3,93	4,14	4,38
29	III	1,77	1,78	1,81	1,84	1,89	1,96	2,03	2,10
30	IV	0,23	0,23	0,24	0,24	0,25	0,27	0,28	0,31
31	Cb	-0,07	-0,07	-0,06	-0,05	-0,02	0	0,04	0,09
32	Cb	-0,52	-0,52	-0,52	-0,52	-0,53	-0,54	-0,54	-0,56
33	Ci	0,14	0,14	0,14	0,13	0,13	0,13	0,12	0,11
	C	-0,45	-0,45	-0,44	-0,44	-0,42	-0,41	-0,38	-0,36
34	S1w	0,43	0,43	0,44	0,46	0,48	0,50	0,53	0,57
35	N1w	0,47	0,48	0,49	0,50	0,52	0,55	0,58	0,62
36	S2w	0,32	0,32	0,33	0,34	0,36	0,38	0,41	0,43
37	S2w	-1,01	-1,01	-0,99	-0,98	-0,95	-0,92	-0,87	-0,80
38	S2w	-0,60	-0,60	-0,60	-0,61	-0,62	-0,63	-0,64	-0,66
	S2w	-1,29	-1,28	-1,26	-1,25	-1,21	-1,17	-1,10	-1,03
39	N2w	0,60	0,61	0,62	0,64	0,67	0,71	0,75	0,79
40	N2w	-0,75	-0,74	-0,72	-0,69	-0,65	-0,59	-0,51	-0,40
41	N2w	-0,70	-0,71	-0,71	-0,71	-0,71	-0,72	-0,72	-0,72
42	N2w	-0,68	-0,68	-0,69	-0,69	-0,70	-0,72	-0,74	-0,77
	N2w	-1,53	-1,52	-1,50	-1,45	-1,39	-1,32	-1,22	-1,10
43	S1o	0,02	0,02	0,02	0,02	0,02	0,02	0,03	0,03
44	S1o	-0,09	-0,09	-0,09	-0,09	-0,09	-0,08	-0,07	-0,07
45	S1o	-0,08	-0,08	-0,08	-0,08	-0,07	-0,07	-0,07	-0,07
	S1o	-0,15	-0,15	-0,15	-0,15	-0,14	-0,13	-0,12	-0,11

Nr.	Kurzbez.	+0,00 m	0,04 m	0,11 m	0,22 m	0,38 m	0,60 m	0,89 m	1,26 m
46	N1o	0,02	0,02	0,02	0,02	0,02	0,02	0,02	0,03
47	N1o	- 0,09-	0,09-	0,09-	0,09-	0,08-	0,08-	0,07-	0,06
48	N1o	- 0,08-	0,08-	0,08-	0,08-	0,08-	0,07-	0,07-	0,07
	N1o	- 0,15-	0,15-	0,15-	0,15-	0,14-	0,13-	0,12-	0,11
49	S3w	0,15	0,15	0,15	0,15	0,16	0,17	0,18	0,19
50	S3w	0,02	0,03	0,03	0,03	0,04	0,05	0,06	0,08
51	S3w	- 0,48-	0,47-	0,47-	0,47-	0,46-	0,46-	0,44-	0,43
	S3w	- 0,31-	0,30-	0,29-	0,28-	0,26-	0,24-	0,20-	0,16
52	S!w	- 0,24-	0,24-	0,23-	0,22-	0,21-	0,19-	0,16-	0,13
53	S3o	0,01	0,01	0,01	0,02	0,02	0,02	0,02	0,02
54	S3o	- 0,02-	0,01-	0,01-	0,01-	0,01-	0,01-	0,01	0
55	S3o	- 0,05-	0,05-	0,05-	0,05-	0,05-	0,05-	0,05-	0,04
	S3o	- 0,06-	0,05-	0,05-	0,04-	0,04-	0,04-	0,03-	0,02
56	N3w	- 0,35-	0,35-	0,35-	0,36-	0,36-	0,36-	0,36-	0,36
57	N3o	0,04	0,04	0,04	0,04	0,04	0,04	0,05	0,05
58	N3o	- 0,11-	0,11-	0,11-	0,11-	0,10-	0,10-	0,10-	0,09
	N3o	- 0,07-	0,07-	0,07-	0,07-	0,06-	0,06-	0,05-	0,04
59	S3m	0,50	0,51	0,51	0,53	0,54	0,56	0,59	0,62
60	S3m	0,10	0,11	0,12	0,15	0,18	0,22	0,28	0,34
61	S3m	- 2,11-	2,11-	2,09-	2,07-	2,03-	1,98-	1,90-	1,80
	S3m	- 1,51-	1,49-	1,46-	1,39-	1,31-	1,20-	1,03-	0,84
62	N3m	1,41	1,42	1,45	1,49	1,55	1,62	1,70	1,78
63	N3m	- 1,94-	1,95-	1,95-	1,97-	1,99-	2,01-	2,05-	2,08
	N3m	- 0,53-	0,53-	0,50-	0,48-	0,44-	0,39-	0,35-	0,30
64	S4w	0,10	0,10	0,10	0,10	0,11	0,11	0,12	0,13
65	S4w	0,02	0,02	0,02	0,02	0,03	0,04	0,04	0,06
66	S4w	- 0,38-	0,37-	0,37-	0,37-	0,36-	0,35-	0,33-	0,31
67	S4w	- 0,24-	0,24-	0,24-	0,24-	0,24-	0,24-	0,24-	0,24
	S4w	- 0,50-	0,49-	0,49-	0,48-	0,46-	0,44-	0,41-	0,36
68	S4m	0,21	0,21	0,22	0,22	0,23	0,25	0,26	0,28
69	S4m	0,04	0,04	0,04	0,05	0,06	0,08	0,10	0,12
70	S4m	- 0,28-	0,27-	0,27-	0,26-	0,25-	0,23-	0,21-	0,18
71	S4m	- 0,58-	0,58-	0,58-	0,58-	0,57-	0,57-	0,56-	0,54
	S4m	- 0,61-	0,60-	0,59-	0,57-	0,53-	0,47-	0,41-	0,32
72	S4o	0,03	0,03	0,03	0,03	0,03	0,03	0,03	0,03
73	S4o	0	0,01	0,01	0,01	0,01	0,01	0,01	0,01
74	S4o	- 0,11-	0,11-	0,11-	0,11-	0,10-	0,10-	0,09-	0,09
75	S4o	- 0,09-	0,09-	0,09-	0,09-	0,09-	0,09-	0,08-	0,08
	S4o	- 0,17-	0,16-	0,16-	0,16-	0,15-	0,15-	0,14-	0,13
76	N4w	0,19	0,19	0,20	0,21	0,22	0,25	0,28	0,31
77	N4w	- 0,42-	0,41-	0,41-	0,40-	0,40-	0,38-	0,37-	0,35
78	N4w	- 0,29-	0,29-	0,29-	0,29-	0,29-	0,30-	0,30-	0,30
	N4w	- 0,52-	0,51-	0,50-	0,48-	0,47-	0,43-	0,39-	0,34
79	N4m	0,56	0,57	0,59	0,63	0,68	0,74	0,83	0,93
80	N4m	- 0,42-	0,42-	0,41-	0,40-	0,38-	0,36-	0,32-	0,28
81	N4m	- 0,85-	0,85-	0,84-	0,84-	0,84-	0,83-	0,83-	0,81
	N4m	- 0,71-	0,70-	0,66-	0,61-	0,54-	0,45-	0,32-	0,16
82	N4o	0,04	0,04	0,04	0,04	0,04	0,05	0,05	0,06
83	N4o	- 0,09-	0,09-	0,09-	0,09-	0,09-	0,09-	0,08-	0,08
84	N4o	- 1,06-	1,06-	1,06-	1,06-	1,06-	1,07-	1,07-	1,07
	N4o	- 1,11-	1,11-	1,11-	1,11-	1,11-	1,11-	1,10-	1,09
85	O4m	0,01	0,01	0,01	0,01	0,01	0,01	0,01	0,01
86	O4m	- 0,04-	0,04-	0,04-	0,04-	0,04-	0,04-	0,04-	0,04
	O4m	- 0,03-	0,03-	0,03-	0,03-	0,03-	0,03-	0,03-	0,03

Nr.	Kurzbez.		+0,00 m	0,04 m	0,11 m	0,22 m	0,38 m	0,60 m	0,89 m	1,26 m
87	03m		0,06	0,06	0,06	0,06	0,06	0,07	0,07	0,08
88	03m		0,01	0,01	0,01	0,02	0,02	0,03	0,03	0,04
89	03m	-	0,23-	0,23-	0,23-	0,22-	0,22-	0,21-	0,20-	0,18
90	03m	-	0,09-	0,09-	0,09-	0,09-	0,09-	0,09-	0,09-	0,09
	03m	-	0,25-	0,25-	0,25-	0,23-	0,22-	0,20-	0,18-	0,16
91	W4m		0,18	0,18	0,19	0,19	0,20	0,22	0,24	0,26
92	W4m	-	0,33-	0,33-	0,32-	0,32-	0,30-	0,29-	0,27-	0,24
93	W4m	-	0,40-	0,40-	0,40-	0,40-	0,40-	0,40-	0,40-	0,40
	W4m	-	0,55-	0,55-	0,54-	0,53-	0,50-	0,47-	0,43-	0,38
94	W3m		1,58	1,59	1,60	1,62	1,64	1,67	1,70	1,71
95	W3m		0,34	0,36	0,41	0,48	0,58	0,72	0,89	1,08
96	W3m	-	4,29-	4,29-	4,29-	4,28-	4,27-	4,24-	4,19-	4,10
	W3m	-	2,37-	2,34-	2,28-	2,18-	2,05-	1,85-	1,60-	1,31
97	W3n	-	0,24-	0,23-	0,23-	0,22-	0,21-	0,19-	0,16-	0,13
98	W3n	-	0,46-	0,46-	0,46-	0,46-	0,46-	0,46-	0,46-	0,46
	W3n	-	0,70-	0,69-	0,69-	0,68-	0,67-	0,65-	0,62-	0,59
99	03n	-	0,04-	0,04-	0,04-	0,04-	0,04-	0,04-	0,04-	0,03
100	03n	-	0,09-	0,09-	0,09-	0,09-	0,08-	0,08-	0,08-	0,08
	03n	-	0,13-	0,13-	0,13-	0,13-	0,12-	0,12-	0,12-	0,11
101	W4n		0,27	0,27	0,28	0,30	0,32	0,36	0,40	0,45
102	W4n	-	0,68-	0,67-	0,66-	0,65-	0,64-	0,63-	0,60-	0,56
103	W4n	-	0,49-	0,49-	0,50-	0,50-	0,50-	0,50-	0,51-	0,51
	W4n	-	0,90-	0,89-	0,88-	0,85-	0,82-	0,77-	0,71-	0,62
104	04n		0,04	0,04	0,04	0,04	0,04	0,05	0,05	0,06
105	04n	-	0,15-	0,15-	0,15-	0,15-	0,15-	0,14-	0,13-	0,12
106	04n	-	0,11-	0,11-	0,11-	0,10-	0,10-	0,10-	0,10-	0,10
	04n	-	0,22-	0,22-	0,22-	0,21-	0,20-	0,19-	0,18-	0,16
107	04s		0,03	0,03	0,03	0,03	0,03	0,03	0,03	0,04
108	04s		0,01	0,01	0,01	0,01	0,01	0,01	0,01	0,02
109	04s	-	0,14-	0,14-	0,13-	0,13-	0,13-	0,12-	0,12-	0,11
110	04s	-	0,09-	0,09-	0,09-	0,09-	0,09-	0,09-	0,09-	0,09
	04s	-	0,19-	0,19-	0,18-	0,18-	0,18-	0,17-	0,16-	0,15
111	W4s		0,18	0,18	0,19	0,19	0,20	0,21	0,22	0,24
112	W4s		0,03	0,03	0,04	0,05	0,06	0,07	0,09	0,11
113	W4s	-	0,71-	0,71-	0,70-	0,69-	0,68-	0,66-	0,63-	0,59
114	W4s	-	0,37-	0,37-	0,37-	0,37-	0,37-	0,37-	0,37-	0,38
	W4s	-	0,87-	0,86-	0,84-	0,82-	0,79-	0,75-	0,69-	0,62
115	W3s		0,10	0,10	0,10	0,10	0,11	0,11	0,12	0,12
116	W3s		0,02	0,02	0,02	0,02	0,03	0,04	0,05	0,06
117	W3s	-	0,45-	0,45-	0,45-	0,45-	0,44-	0,43-	0,42-	0,40
	W3s	-	0,33-	0,33-	0,33-	0,32-	0,30-	0,28-	0,25-	0,22
118	03s		0,02	0,02	0,02	0,02	0,02	0,02	0,02	0,03
119	03s		0	0	0	0	0	0,01	0,01	0,01
120	03s	-	0,06-	0,06-	0,06-	0,06-	0,06-	0,05-	0,05-	0,05
121	03s	-	0,08-	0,08-	0,08-	0,08-	0,08-	0,07-	0,07-	0,07
	03s	-	0,12-	0,12-	0,12-	0,12-	0,11-	0,10-	0,09-	0,08
122	02s		0,02	0,02	0,02	0,03	0,03	0,03	0,03	0,03
123	02s	-	0,09-	0,09-	0,09-	0,09-	0,09-	0,08-	0,07-	0,07
124	02s	-	0,47-	0,47-	0,46-	0,46-	0,46-	0,46-	0,46-	0,46
	02s	-	0,54-	0,54-	0,53-	0,52-	0,52-	0,51-	0,50-	0,50
125	02n		0,07	0,07	0,07	0,08	0,08	0,09	0,09	0,10
126	02n	-	0,20-	0,20-	0,19-	0,19-	0,18-	0,18-	0,16-	0,15
127	02n	-	0,20-	0,20-	0,20-	0,20-	0,20-	0,19-	0,19-	0,19
	02n	-	0,33-	0,33-	0,32-	0,31-	0,30-	0,28-	0,26-	0,24

Nr.	Kurzbez.	+0,00 m	0,04 m	0,11 m	0,22 m	0,38 m	0,60 m	0,89 m	1,26 m
128	W2s	0,13	0,13	0,13	0,14	0,14	0,15	0,16	0,17
129	W2s	- 0,44-	0,43-	0,43-	0,42-	0,40-	0,38-	0,35-	0,31
130	W2s	- 0,55-	0,55-	0,55-	0,55-	0,56-	0,57-	0,58-	0,59
	W2s	- 0,86-	0,85-	0,84-	0,83-	0,82-	0,80-	0,77-	0,73
131	W2n	0,77	0,78	0,79	0,82	0,85	0,90	0,95	1,01
132	W2n	- 1,60-	1,59-	1,58-	1,56-	1,52-	1,47-	1,40-	1,29
133	W2n	- 0,77-	0,77-	0,78-	0,78-	0,80-	0,81-	0,83-	0,86
	W2n	- 1,60-	1,58-	1,57-	1,52-	1,47-	1,38-	1,28-	1,14
134	W1s	0,10	0,10	0,10	0,10	0,11	0,11	0,12	0,12
135	W1s	- 0,30-	0,30-	0,30-	0,29-	0,28-	0,26-	0,24-	0,22
	W1s	- 0,20-	0,20-	0,20-	0,19-	0,17-	0,15-	0,12-	0,10
136	W1n	0,44	0,44	0,45	0,47	0,49	0,51	0,55	0,58
137	W1n	- 0,26-	0,26-	0,26-	0,26-	0,27-	0,27-	0,27-	0,27
	W1n	0,18	0,18	0,19	0,21	0,22	0,24	0,28	0,31
138	Mn	- 0,16-	0,16-	0,16-	0,16-	0,16-	0,16-	0,16-	0,15
139	O1n	0,09	0,09	0,09	0,09	0,10	0,11	0,11	0,13
140	O1n	- 0,09-	0,09-	0,09-	0,09-	0,09-	0,09-	0,09-	0,08
	O1n	0	0	0	0	0,01	0,02	0,02	0,04
141	O1s	0,04	0,04	0,04	0,04	0,04	0,05	0,05	0,05
142	O1s	- 0,13-	0,13-	0,13-	0,12-	0,12-	0,11-	0,10-	0,09
	O1s	- 0,09-	0,09-	0,09-	0,08-	0,07-	0,06-	0,05-	0,04
143	Ww	- 0,10-	0,09-	0,09-	0,09-	0,08-	0,08-	0,07-	0,06
144	Oso	- 0,04-	0,03-	0,02	0	0,02	0,05	0,09	0,14
145	Ono	- 0,04-	0,03-	0,02	0	0,02	0,05	0,09	0,14
146	Om	0,11	0,12	0,13	0,15	0,17	0,19	0,21	0,23
147	Osu	0,18	0,18	0,18	0,19	0,20	0,20	0,21	0,21
148	Onu	0,18	0,18	0,18	0,19	0,20	0,20	0,21	0,21
	0	0,39	0,42	0,45	0,53	0,61	0,69	0,81	0,93
149	1o	28,50	24,91	19,70	13,90	8,93	5,46	3,30	2,01
150	1u	6,58	6,26	5,75	5,07	4,27	3,45	2,68	2,02
	1	35,08	31,17	25,45	18,97	13,20	8,91	5,98	4,03
151	11o	0,03	0,03	0,03	0,04	0,05	0,06	0,07	0,08
152	11u	0,20	0,20	0,21	0,21	0,23	0,24	0,25	0,26
	11	0,23	0,23	0,24	0,25	0,28	0,30	0,32	0,34
153	8	0,75	0,77	0,81	0,86	0,93	1,01	1,08	1,12
160	Vwo	0	0	0	0	0	0	0	0
161	Vwu	0,02	0,02	0,02	0,02	0,02	0,02	0,02	0,02
162	Vm	0,47	0,48	0,48	0,50	0,51	0,53	0,55	0,58
		0,49	0,50	0,50	0,52	0,53	0,55	0,57	0,60
163	Vo1	0,05	0,05	0,05	0,05	0,05	0,06	0,06	0,06
164	Vo2	0,04	0,04	0,04	0,04	0,04	0,05	0,05	0,05
		0,09	0,09	0,09	0,09	0,09	0,11	0,11	0,11
165	Vs	0,03	0,03	0,04	0,04	0,04	0,05	0,05	0,06
1- 4	Gel.Aufbau	26,19	26,09	25,93	25,65	25,26	24,74	24,05	23,17
5- 18	Baugrube	-200,80-	200,22-	199,24-	197,70-	195,48-	192,43-	188,48-	183,53
19-143	Geb.Aufbau	- 4,92-	4,79-	4,58-	4,18-	3,53-	2,50-	0,95+	1,16
144-153	Nahpfeiler	36,45	32,59	26,95	20,61	15,02	10,91	8,19	6,42
1-153		-143,08-	146,33-	150,94-	155,62-	158,73-	159,28-	157,19-	152,78
160-165	Kohlen	0,61	0,62	0,63	0,65	0,67	0,70	0,73	0,77

Tabelle 3d: Anziehung in μ Gal auf S2 + ... m

Nr.	Kurzbez.	+0,00 m	0,04 m	0,11 m	0,22 m	0,38 m	0,60 m	0,89 m	1,26 m
1	Gn	29,59	29,55	29,47	29,35	29,18	28,94	28,63	28,23
2	G'n	0,01	0,01	0,02	0,02	0,03	0,04	0,05	0,07
3	Gs	- 0,13-	0,14-	0,15-	0,17-	0,20-	0,23-	0,28-	0,34
4	G's	- 0,04-	0,04-	0,05-	0,06-	0,07-	0,08-	0,10-	0,12
		29,43	29,38	29,29	29,14	28,94	28,67	28,30	27,84
5	An	- 12,88-	13,13-	13,57-	14,24-	15,17-	16,35-	17,77-	19,32
6	An'	0,12	0,13	0,13	0,14	0,15	0,16	0,18	0,21
7	Am	- 1,95-	2,00-	2,08-	2,20-	2,38-	2,62-	2,93-	3,31
8	As	- 0,87-	0,89-	0,91-	0,95-	1,01-	1,09-	1,20-	1,34
9	As'	0,02	0,02	0,02	0,02	0,02	0,02	0,02	0,03
10	A's	- 0,09-	0,10-	0,10-	0,12-	0,14-	0,16-	0,20-	0,24
		- 15,65-	15,97-	16,51-	17,35-	18,53-	20,04-	21,90-	23,97
11	Anw	- 1,58-	1,62-	1,69-	1,80-	1,96-	2,15-	2,37-	2,61
12	Anm	- 0,06-	0,06-	0,06-	0,07-	0,08-	0,09-	0,10-	0,12
13	Ano	- 0,04-	0,04-	0,04-	0,04-	0,05-	0,05-	0,06-	0,07
14	Aa	- 0,06-	0,06-	0,07-	0,07-	0,08-	0,09-	0,10-	0,12
15	Ag	- 0,03-	0,04-	0,04-	0,04-	0,04-	0,05-	0,06-	0,06
16	Ao	- 0,02-	0,02-	0,02-	0,02-	0,02-	0,02-	0,02-	0,02
17	Awu	- 0,59-	0,60-	0,62-	0,64-	0,67-	0,70-	0,74-	0,76
18	Awo	- 0,05-	0,06-	0,07-	0,08-	0,11-	0,14-	0,17-	0,20
		- 2,43-	2,50-	2,61-	2,76-	3,01-	3,29-	3,62-	3,96
19	B	0,60	0,61	0,63	0,66	0,70	0,76	0,84	0,93
20	B	- 8,31-	8,26-	8,19-	8,06-	7,88-	7,63-	7,29-	6,85
21	BI	3,03	3,01	2,97	2,91	2,83	2,71	2,55	2,34
22	BII	1,99	1,98	1,95	1,91	1,85	1,77	1,67	1,53
23	W2m	- 0,21-	0,21-	0,21-	0,21-	0,21-	0,21-	0,21-	0,21
24	O2m	- 0,05-	0,05-	0,05-	0,05-	0,05-	0,05-	0,05-	0,05
	R	- 2,95-	2,92-	2,90-	2,84-	2,76-	2,65-	2,49-	2,31
25	Ib	0,23	0,23	0,24	0,25	0,26	0,29	0,31	0,35
26	H	- 0,01-	0,01-	0,01-	0,01-	0,01-	0,01-	0,02-	0,02
27	Hg	- 0,03-	0,03-	0,03-	0,03-	0,03-	0,03-	0,04-	0,04
	I	0,19	0,19	0,20	0,21	0,22	0,24	0,26	0,29
28	II	0,11	0,12	0,12	0,13	0,14	0,15	0,17	0,19
29	III	0,21	0,22	0,23	0,24	0,25	0,27	0,30	0,33
30	IV	0,03	0,03	0,03	0,03	0,04	0,04	0,04	0,05
31	Cb	- 0,08-	0,08-	0,08-	0,07-	0,06-	0,05-	0,04-	0,02
32	Cb	- 0,29-	0,29-	0,29-	0,29-	0,29-	0,29-	0,29-	0,29
33	Ci	0,09	0,09	0,09	0,08	0,08	0,08	0,08	0,08
	C	- 0,28-	0,28-	0,28-	0,28-	0,27-	0,26-	0,25-	0,23
34	S1w	0,04	0,04	0,04	0,05	0,05	0,06	0,07	0,07
35	N1w	0,06	0,06	0,06	0,07	0,07	0,08	0,09	0,11
36	S2w	0,03	0,03	0,04	0,04	0,04	0,05	0,05	0,06
37	S2w	- 0,28-	0,27-	0,27-	0,27-	0,26-	0,25-	0,24-	0,22
38	S2w	- 0,19-	0,19-	0,19-	0,19-	0,19-	0,19-	0,19-	0,18
	S2w	- 0,44-	0,43-	0,42-	0,42-	0,41-	0,39-	0,37-	0,34
39	N2w	0,14	0,14	0,15	0,16	0,18	0,20	0,22	0,25
40	N2w	- 0,41-	0,40-	0,40-	0,39-	0,37-	0,35-	0,32-	0,28
41	N2w	- 0,38-	0,38-	0,38-	0,38-	0,38-	0,38-	0,38-	0,37
42	N2w	- 0,34-	0,34-	0,34-	0,34-	0,34-	0,34-	0,35-	0,35
	N2w	- 0,99-	0,98-	0,97-	0,95-	0,91-	0,87-	0,83-	0,75

Nr.	Kurzbez.	+0,00 m	0,04 m	0,11 m	0,22 m	0,38 m	0,60 m	0,89 m	1,26 m
43	S1o	0	0	0	0	0	0	0	0
44	S1o	- 0,02-	0,02-	0,02-	0,02-	0,02-	0,02-	0,02-	0,02
45	S1o	- 0,02-	0,02-	0,02-	0,02-	0,02-	0,02-	0,02-	0,02
	S1o	- 0,04-	0,04-	0,04-	0,04-	0,04-	0,04-	0,04-	0,04
46	N1o	0	0	0	0	0	0	0	0
47	N1o	- 0,03-	0,03-	0,02-	0,02-	0,02-	0,02-	0,02-	0,02
48	N1o	- 0,02-	0,02-	0,02-	0,02-	0,02-	0,02-	0,02-	0,02
	N1o	- 0,05-	0,05-	0,04-	0,04-	0,04-	0,04-	0,04-	0,04
49	S3w	0,02	0,02	0,02	0,02	0,02	0,02	0,02	0,02
50	S3w	0	0	0	0	0	0	0	0
51	S3w	- 0,11-	0,11-	0,11-	0,11-	0,11-	0,11-	0,11-	0,10
	S3w	- 0,09-	0,09-	0,09-	0,09-	0,09-	0,09-	0,09-	0,08
52	S'w	- 0,07-	0,07-	0,06-	0,06-	0,06-	0,06-	0,05-	0,05
53	S3o	0	0	0	0	0	0	0	0
54	S3o	0	0	0	0	0	0	0	0
55	S3o	- 0,01-	0,01-	0,01-	0,01-	0,01-	0,01-	0,01-	0,01
	S3o	- 0,01-	0,01-	0,01-	0,01-	0,01-	0,01-	0,01-	0,01
56	N3w	- 0,34-	0,34-	0,34-	0,34-	0,34-	0,35-	0,35-	0,35
57	N3o	0	0	0,01	0,01	0,01	0,01	0,01	0,01
58	N3o	- 0,03-	0,03-	0,03-	0,03-	0,03-	0,03-	0,03-	0,03
	N3o	- 0,03-	0,03-	0,02-	0,02-	0,02-	0,02-	0,02-	0,02
59	S3m	0,02	0,02	0,02	0,02	0,02	0,02	0,03	0,03
60	S3m	- 0,01-	0,01	0	0	0	0	0	0,01
61	S3m	- 0,20-	0,20-	0,19-	0,19-	0,19-	0,18-	0,17-	0,16
	S3m	- 0,19-	0,19-	0,18-	0,17-	0,17-	0,16-	0,14-	0,12
62	N3m	0,05	0,05	0,05	0,06	0,06	0,07	0,08	0,09
63	N3m	- 0,28-	0,28-	0,28-	0,28-	0,28-	0,27-	0,27-	0,26
	N3m	- 0,23-	0,23-	0,23-	0,22-	0,22-	0,20-	0,19-	0,17
64	S4w	0,01	0,01	0,01	0,01	0,02	0,02	0,02	0,02
65	S4w	0	0	0	0	0	0	0	0
66	S4w	- 0,10-	0,10-	0,10-	0,09-	0,09-	0,09-	0,09-	0,08
67	S4w	- 0,07-	0,07-	0,07-	0,07-	0,07-	0,07-	0,07-	0,07
	S4w	- 0,16-	0,16-	0,16-	0,15-	0,14-	0,14-	0,14-	0,13
68	S4m	0,02	0,02	0,02	0,02	0,02	0,02	0,02	0,03
69	S4m	0	0	0	0	0	0	0	0,01
70	S4m	- 0,04-	0,04-	0,04-	0,04-	0,04-	0,04-	0,03-	0,03
71	S4m	- 0,09-	0,09-	0,09-	0,09-	0,09-	0,09-	0,09-	0,08
	S4m	- 0,11-	0,11-	0,11-	0,11-	0,11-	0,11-	0,10-	0,08
72	S4o	0	0	0	0	0	0	0	0,01
73	S4o	0	0	0	0	0	0	0	0
74	S4o	- 0,03-	0,03-	0,03-	0,03-	0,02-	0,02-	0,02-	0,02
75	S4o	- 0,02-	0,02-	0,02-	0,02-	0,02-	0,02-	0,02-	0,02
	S4o	- 0,05-	0,05-	0,05-	0,05-	0,04-	0,04-	0,04-	0,03
76	N4w	0,57	0,61	0,67	0,77	0,90	1,09	1,32	1,59
77	N4w	- 1,96-	1,96-	1,96-	1,97-	1,97-	1,98-	1,98-	1,96
78	N4w	- 0,58-	0,58-	0,59-	0,59-	0,60-	0,62-	0,63-	0,66
	N4w	- 1,97-	1,93-	1,88-	1,79-	1,67-	1,51-	1,29-	1,03
79	N4m	0,08	0,08	0,09	0,10	0,12	0,15	0,18	0,22
80	N4m	- 0,20-	0,20-	0,20-	0,19-	0,19-	0,18-	0,16-	0,15
81	N4m	- 0,39-	0,39-	0,39-	0,39-	0,39-	0,39-	0,38-	0,37
	N4m	- 0,51-	0,51-	0,50-	0,48-	0,46-	0,42-	0,36-	0,30

Nr.	Kurzbez.		+0,00 m	0,04 m	0,11 m	0,22 m	0,38 m	0,60 m	0,89 m	1,26 m
82	N4o		0	0	0,01	0,01	0,01	0,01	0,01	0,01
83	N4o	-	0,04-	0,04-	0,04-	0,04-	0,04-	0,03-	0,03-	0,03
84	N4o	-	1,00-	1,00-	1,01-	1,01-	1,02-	1,04-	1,05-	1,08
	N4o	-	1,04-	1,04-	1,04-	1,04-	1,05-	1,06-	1,07-	1,10
85	04m		0	0	0	0	0	0	0	0
86	04m	-	0,01-	0,01-	0,01-	0,01-	0,01-	0,01-	0,01-	0,01
	04m	-	0,01-	0,01-	0,01-	0,01-	0,01-	0,01-	0,01-	0,01
87	03m		0,01	0,01	0,01	0,01	0,01	0,01	0,01	0,01
88	03m		0	0	0	0	0	0	0	0
89	03m	-	0,05-	0,05-	0,05-	0,05-	0,05-	0,05-	0,04-	0,04
90	03m	-	0,02-	0,02-	0,02-	0,02-	0,02-	0,02-	0,02-	0,02
	03m	-	0,06-	0,06-	0,06-	0,06-	0,06-	0,06-	0,05-	0,05
91	W4m		0,10	0,11	0,11	0,12	0,13	0,14	0,16	0,19
92	W4m	-	0,38-	0,38-	0,38-	0,37-	0,36-	0,35-	0,33-	0,30
93	W4m	-	0,37-	0,37-	0,37-	0,37-	0,37-	0,37-	0,38-	0,38
	W4m	-	0,65-	0,64-	0,63-	0,62-	0,60-	0,58-	0,55-	0,49
94	W3m		0,11	0,11	0,12	0,12	0,13	0,14	0,15	0,17
95	W3m	-	0,03-	0,03-	0,02-	0,02-	0,01	0	0,02	0,04
96	W3m	-	0,82-	0,82-	0,82-	0,81-	0,81-	0,79-	0,78-	0,75
	W3m	-	0,74-	0,74-	0,72-	0,71-	0,69-	0,65-	0,61-	0,54
97	W3n	-	0,34-	0,33-	0,33-	0,32-	0,31-	0,29-	0,27-	0,24
98	W3n	-	0,46-	0,46-	0,46-	0,46-	0,47-	0,47-	0,48-	0,48
	W3n	-	0,80-	0,79-	0,79-	0,78-	0,78-	0,76-	0,75-	0,72
99	03n	-	0,01-	0,01-	0,01-	0,01-	0,01-	0,01-	0,01-	0,01
100	03n	-	0,03-	0,03-	0,03-	0,03-	0,03-	0,02-	0,02-	0,02
	03n	-	0,04-	0,04-	0,04-	0,04-	0,04-	0,03-	0,03-	0,03
101	W4n		1,22	1,29	1,42	1,62	1,91	2,29	2,77	3,31
102	W4n	-	3,63-	3,65-	3,66-	3,69-	3,72-	3,76-	3,80-	3,81
103	W4n	-	0,97-	0,98-	0,98-	0,99-	1,01-	1,04-	1,07-	1,11
	W4n	-	3,38-	3,35-	3,22-	3,06-	2,82-	2,51-	2,10-	1,61
104	04n		0	0	0	0,01	0,01	0,01	0,01	0,01
105	04n	-	0,05-	0,05-	0,05-	0,05-	0,05-	0,05-	0,05-	0,04
106	04n	-	0,04-	0,04-	0,04-	0,04-	0,04-	0,04-	0,04-	0,03
	04n	-	0,09-	0,09-	0,09-	0,08-	0,08-	0,08-	0,07-	0,07
107	04s		0	0	0	0	0	0,01	0,01	0,01
108	04s		0	0	0	0	0	0	0	0
109	04s	-	0,04-	0,04-	0,04-	0,04-	0,04-	0,03-	0,03-	0,03
110	04s	-	0,03-	0,03-	0,03-	0,03-	0,03-	0,03-	0,02-	0,02
	04s	-	0,07-	0,07-	0,07-	0,07-	0,06-	0,06-	0,05-	0,04
111	W4s		0,04	0,04	0,04	0,04	0,04	0,05	0,05	0,06
112	W4s	-	0,01-	0,01-	0,01-	0,01	0	0	0,01	0,01
113	W4s	-	0,28-	0,28-	0,27-	0,27-	0,27-	0,26-	0,25-	0,24
114	W4s	-	0,16-	0,16-	0,16-	0,16-	0,16-	0,16-	0,16-	0,16
	W4s	-	0,41-	0,41-	0,40-	0,40-	0,39-	0,37-	0,35-	0,33
115	W3s		0,01	0,01	0,01	0,01	0,01	0,01	0,01	0,01
116	W3s		0	0	0	0	0	0	0	0
117	W3s	-	0,09-	0,09-	0,09-	0,09-	0,09-	0,08-	0,08-	0,08
	W3s	-	0,08-	0,08-	0,08-	0,08-	0,08-	0,07-	0,07-	0,07
118	03s		0	0	0	0	0	0	0	0
119	03s		0	0	0	0	0	0	0	0
120	03s	-	0,01-	0,01-	0,01-	0,01-	0,01-	0,01-	0,01-	0,01
121	03s	-	0,02-	0,02-	0,02-	0,02-	0,02-	0,02-	0,02-	0,02
	03s	-	0,03-	0,03-	0,03-	0,03-	0,03-	0,03-	0,03-	0,03

Nr.	Kurzbez.		+0,00 m	0,04 m	0,11 m	0,22 m	0,38 m	0,60 m	0,89 m	1,26 m
122	02s		0	0	0	0	0	0	0	0
123	02s	-	0,02-	0,02-	0,02-	0,02-	0,02-	0,02-	0,02-	0,01
124	02s	-	0,10-	0,10-	0,10-	0,10-	0,10-	0,09-	0,09-	0,09
	02s	-	0,12-	0,12-	0,12-	0,12-	0,12-	0,11-	0,11-	0,10
125	02n		0,01	0,01	0,01	0,01	0,01	0,01	0,01	0,02
126	02n	-	0,06-	0,06-	0,06-	0,06-	0,05-	0,05-	0,05-	0,05
127	02n	-	0,06-	0,06-	0,06-	0,06-	0,06-	0,06-	0,06-	0,05
	02n	-	0,11-	0,11-	0,11-	0,11-	0,10-	0,10-	0,09-	0,09
128	W2s		0,01	0,01	0,01	0,01	0,01	0,01	0,01	0,01
129	W2s	-	0,06-	0,06-	0,06-	0,06-	0,06-	0,05-	0,05-	0,05
130	W2s	-	0,10-	0,10-	0,10-	0,10-	0,10-	0,10-	0,09-	0,09
	W2s	-	0,15-	0,15-	0,15-	0,15-	0,15-	0,14-	0,13-	0,13
131	W2n		0,14	0,14	0,15	0,16	0,17	0,19	0,22	0,25
132	W2n	-	0,68-	0,67-	0,67-	0,66-	0,65-	0,63-	0,60-	0,57
133	W2n	-	0,39-	0,39-	0,39-	0,40-	0,40-	0,40-	0,40-	0,41
	W2n	-	0,93-	0,92-	0,91-	0,90-	0,88-	0,84-	0,78-	0,73
134	W1s		0	0	0	0	0,01	0,01	0,01	0,01
135	W1s	-	0,03-	0,03-	0,03-	0,03-	0,03-	0,03-	0,03-	0,02
	W1s	-	0,03-	0,03-	0,03-	0,03-	0,02-	0,02-	0,02-	0,01
136	W1n		0,03	0,03	0,03	0,03	0,04	0,04	0,05	0,06
137	W1n	-	0,06-	0,06-	0,06-	0,06-	0,06-	0,06-	0,06-	0,05
	W1n	-	0,03-	0,03-	0,03-	0,03-	0,02-	0,02-	0,01	0
138	Mn	-	0,03-	0,03-	0,03-	0,03-	0,03-	0,03-	0,03-	0,03
139	01n		0,01	0,01	0,01	0,01	0,01	0,01	0,01	0,02
140	01n	-	0,02-	0,02-	0,02-	0,02-	0,02-	0,02-	0,02-	0,02
	01n	-	0,01-	0,01-	0,01-	0,01-	0,01-	0,01-	0,01-	0
141	01s		0	0	0	0	0	0	0	0
142	01s	-	0,02-	0,02-	0,02-	0,02-	0,02-	0,02-	0,02-	0,01
	01s	-	0,02-	0,02-	0,02-	0,02-	0,02-	0,02-	0,02-	0,01
143	Ww	-	0,42-	0,42-	0,41-	0,40-	0,39-	0,36-	0,34-	0,30
153	8		0	0	0	0	0	0	0	0
160	Vwo		0,03	0,04	0,05	0,06	0,08	0,10	0,12	0,14
161	Vwu		0,42	0,42	0,44	0,45	0,47	0,50	0,52	0,53
162	V n		1,93	1,95	1,98	2,02	2,07	2,14	2,20	2,26
			2,38	2,41	2,47	2,53	2,62	2,74	2,84	2,93
163	Vo1		0,01	0,01	0,01	0,01	0,01	0,01	0,01	0,01
164	Vo2		0,01	0,01	0,01	0,01	0,01	0,01	0,01	0,01
			0,02	0,02	0,02	0,02	0,02	0,02	0,02	0,02
165	Vs		0	0	0	0	0	0	0,01	0,01
1- 4	Gel.Aufbau		29,43	29,38	29,29	29,14	28,94	28,67	28,30	27,84
5- 18	Baugrube	-	18,08-	18,47-	19,12-	20,11-	21,54-	23,33-	25,52-	27,93
19-143	Geb.Aufbau	-	17,12-	16,94-	16,60-	16,11-	15,42-	14,44-	13,15-	11,53
144-153	Nahpfeiler		-	-	-	-	-	-	-	-
1-153		-	5,77-	6,03-	6,43-	7,08-	8,02-	9,10-	10,37-	11,62
160-165	Kohlen		2,40	2,43	2,49	2,55	2,64	2,76	2,87	2,96

Tabelle 3e: Anziehung in μ Gal auf S6 + ... m

Nr.	Kurzbez.	+0,00 m	0,04 m	0,11 m	0,22 m	0,38 m	0,60 m	0,89 m	1,26 m
1	Gn	-2,85	-2,81	-2,74	-2,62	-2,45	-2,21	-1,88	-1,45
2	G'n	-1,72	-1,70	-1,67	-1,62	-1,55	-1,43	-1,25	-0,99
3	Gs	4,68	4,60	4,44	4,19	3,82	3,29	2,57	1,63
4	G's	14,01	14,10	14,26	14,52	14,91	15,47	16,28	17,54
		14,12	14,19	14,29	14,47	14,73	15,12	15,72	16,73
5	An	1,29	1,24	1,14	1,00	0,79	0,50	0,11	-0,38
6	An'	-0,02	-0,02	-0,02	-0,02	-0,01	-0,01	0	0
7	Am	4,34	4,16	3,86	3,38	2,67	1,69	0,38	-1,28
8	As	45,03	40,57	32,78	20,55	2,78	-21,66	-53,96	-95,53
9	As'	-0,05	-0,04	-0,04	-0,02	0	0,02	0,06	0,10
10	A's	33,10	33,45	34,08	35,10	36,67	39,01	42,43	47,38
		83,69	79,36	71,80	59,99	42,90	19,55	-10,98	-49,71
11	Anw	0,03	0,03	0,03	0,03	0,03	0,02	0,01	0
12	Anm	0,03	0,02	0,02	0,02	0,02	0,02	0,01	0,01
13	Ano	0,02	0,02	0,01	0,01	0,01	0,01	0	0
14	Aa	0,01	0,01	0,01	0,01	0,01	0,01	0	0
15	Ag	0,01	0,01	0,01	0,01	0,01	0	0	0
16	Ao	0	0	0	-0,01	-0,01	-0,01	-0,01	-0,01
17	Awa	0	0	0	0	0	0	0	0
18	Awo	0	0	0	0	0	0	0	0
		0,10	0,09	0,08	0,07	0,06	0,04	0,02	0
19	B	-0,43	-0,39	-0,33	-0,23	-0,09	0,10	0,36	0,68
20	B	-25,23	-25,18	-25,08	-24,93	-24,71	-24,38	-23,92	-23,28
21	BI	10,69	10,65	10,60	10,50	10,36	10,15	9,87	9,49
22	BII	5,73	5,71	5,67	5,60	5,51	5,38	5,21	4,98
23	W2m	-0,35	-0,35	-0,35	-0,35	-0,35	-0,36	-0,37	-0,37
24	O2m	-0,09	-0,09	-0,09	-0,09	-0,09	-0,09	-0,09	-0,09
	R	-9,68	-9,65	-9,58	-9,50	-9,37	-9,20	-8,94	-8,59
25	Ib	-0,17	-0,16	-0,13	-0,09	-0,04	0,04	0,15	0,28
26	H	0	0	0	0	0	0	-0,01	-0,01
27	Hg	0	0	0	-0,01	-0,01	-0,01	-0,02	-0,02
	I	-0,17	-0,16	-0,13	-0,10	-0,05	0,03	0,12	0,25
28	II	-0,12	-0,11	-0,10	-0,09	-0,07	-0,04	0	0,06
29	III	-0,02	-0,02	-0,02	-0,02	-0,01	0	0,01	0,03
30	IV	-0,01	-0,01	-0,01	0	0	0	0	0,01
31	Cb	-0,06	-0,06	-0,06	-0,06	-0,06	-0,06	-0,05	-0,05
32	Cb	-0,14	-0,14	-0,14	-0,14	-0,14	-0,14	-0,14	-0,14
33	Ci	0,05	0,05	0,05	0,05	0,05	0,04	0,04	0,04
	C	-0,15	-0,15	-0,15	-0,15	-0,15	-0,16	-0,15	-0,15
34	S1w	-0,24	-0,23	-0,22	-0,20	-0,17	-0,12	-0,07	0
35	N1w	-0,12	-0,11	-0,11	-0,10	-0,08	-0,06	-0,03	0
36	S2w	-0,48	-0,46	-0,44	-0,40	-0,34	-0,25	-0,14	0,01
37	S2w	-2,36	-2,36	-2,37	-2,38	-2,39	-2,41	-2,43	-2,45
38	S2w	-0,51	-0,51	-0,51	-0,52	-0,53	-0,54	-0,55	-0,57
	S2w	-3,35	-3,33	-3,32	-3,30	-3,26	-3,20	-3,12	-3,01
39	N2w	-0,12	-0,11	-0,11	-0,10	-0,08	-0,06	-0,03	0
40	N2w	-0,55	-0,55	-0,55	-0,54	-0,53	-0,52	-0,51	-0,48
41	N2w	-0,36	-0,36	-0,36	-0,36	-0,36	-0,37	-0,37	-0,37
42	N2w	-0,31	-0,31	-0,32	-0,32	-0,32	-0,32	-0,33	-0,33
	N2w	-1,34	-1,33	-1,33	-1,32	-1,29	-1,27	-1,24	-1,18
43	S1o	0	0	0	0	0	0	0	0
44	S1o	-0,06	-0,06	-0,06	-0,06	-0,06	-0,06	-0,06	-0,05
45	S1o	-0,04	-0,04	-0,04	-0,04	-0,04	-0,04	-0,03	-0,03
	S1o	-0,10	-0,10	-0,10	-0,10	-0,10	-0,10	-0,09	-0,08

Nr.	Kurzbez.	+0,00 m	0,04 m	0,11 m	0,22 m	0,38 m	0,60 m	0,89 m	1,26 m
46	N1o	0	0	0	0	0	0	0	0
47	N1o	- 0,06-	0,06-	0,06-	0,06-	0,05-	0,05-	0,05-	0,05
48	N1o	- 0,03-	0,03-	0,03-	0,03-	0,03-	0,03-	0,03-	0,03
	N1o	- 0,09-	0,09-	0,09-	0,09-	0,08-	0,08-	0,08-	0,08
49	S3w	- 1,60-	1,47-	1,25-	0,89-	0,36	0,39	1,34	2,43
50	S3w	- 3,52-	3,55-	3,60-	3,66-	3,75-	3,85-	3,91-	3,84
51	S3w	- 2,22-	2,24-	2,27-	2,32-	2,40-	2,51-	2,67-	2,89
	S3w	- 7,34-	7,26-	7,12-	6,87-	6,51-	5,97-	5,24-	4,30
52	S'w	- 1,45-	1,45-	1,44-	1,43-	1,41-	1,37-	1,33-	1,26
53	S3o	0	0	0	0	0	0	0	0
54	S3o	- 0,02-	0,02-	0,02-	0,02-	0,02-	0,02-	0,02-	0,02
55	S3o	- 0,03-	0,03-	0,03-	0,03-	0,03-	0,03-	0,03-	0,03
	S3o	- 0,05-	0,05-	0,05-	0,05-	0,05-	0,05-	0,05-	0,05
56	N3w	- 0,13-	0,13-	0,13-	0,13-	0,13-	0,13-	0,13-	0,13
57	N3o	0	0	0	0	0	0	0	0
58	N3o	- 0,05-	0,05-	0,05-	0,05-	0,05-	0,05-	0,05-	0,04
	N3o	- 0,05-	0,05-	0,05-	0,05-	0,05-	0,05-	0,05-	0,04
59	S3m	- 0,06-	0,05-	0,05-	0,03-	0,01	0,01	0,05	0,09
60	S3m	- 0,62-	0,61-	0,61-	0,59-	0,58-	0,55-	0,50-	0,44
61	S3m	- 2,01-	2,01-	2,02-	2,02-	2,04-	2,05-	2,07-	2,08
	S3m	- 2,69-	2,67-	2,67-	2,64-	2,63-	2,59-	2,52-	2,43
62	N3m	- 0,04-	0,04-	0,03-	0,03-	0,03-	0,02-	0,01	0
63	N3m	- 0,26-	0,26-	0,26-	0,26-	0,26-	0,26-	0,26-	0,25
	N3m	- 0,30-	0,30-	0,29-	0,29-	0,29-	0,28-	0,27-	0,25
64	S4w	- 0,49-	0,45-	0,38-	0,27-	0,11	0,12	0,41	0,77
65	S4w	- 2,09-	2,08-	2,07-	2,05-	2,01-	1,95-	1,84-	1,66
66	S4w	- 3,22-	3,24-	3,27-	3,31-	3,37-	3,46-	3,58-	3,73
67	S4w	- 0,59-	0,60-	0,60-	0,61-	0,62-	0,63-	0,65-	0,68
	S4w	- 6,39-	6,37-	6,32-	6,24-	6,11-	5,92-	5,66-	5,30
68	S4m	- 0,06-	0,06-	0,05-	0,04-	0,01	0,02	0,05	0,10
69	S4m	- 0,38-	0,37-	0,37-	0,36-	0,34-	0,32-	0,29-	0,25
70	S4m	- 0,71-	0,71-	0,70-	0,70-	0,70-	0,69-	0,68-	0,66
71	S4m	- 0,72-	0,72-	0,72-	0,72-	0,72-	0,73-	0,73-	0,74
	S4m	- 1,87-	1,86-	1,84-	1,82-	1,77-	1,72-	1,65-	1,55
72	S4o	0	0	0	0	0	0	0	0
73	S4o	- 0,02-	0,02-	0,02-	0,01-	0,01-	0,01-	0,01-	0,01
74	S4o	- 0,10-	0,10-	0,10-	0,10-	0,10-	0,10-	0,10-	0,09
75	S4o	- 0,07-	0,07-	0,07-	0,06-	0,06-	0,06-	0,06-	0,06
	S4o	- 0,19-	0,19-	0,18-	0,18-	0,17-	0,17-	0,17-	0,16
76	N4w	- 0,05-	0,05-	0,05-	0,04-	0,04-	0,04-	0,03-	0,02
77	N4w	- 0,16-	0,16-	0,16-	0,16-	0,16-	0,15-	0,15-	0,15
78	N4w	- 0,11-	0,11-	0,11-	0,11-	0,11-	0,11-	0,11-	0,11
	N4w	- 0,32-	0,32-	0,32-	0,31-	0,31-	0,30-	0,29-	0,28
79	N4m	- 0,08-	0,08-	0,08-	0,07-	0,07-	0,06-	0,05-	0,03
80	N4m	- 0,11-	0,11-	0,11-	0,11-	0,10-	0,10-	0,10-	0,09
81	N4m	- 0,19-	0,19-	0,19-	0,19-	0,19-	0,19-	0,19-	0,18
	N4n	- 0,38-	0,38-	0,38-	0,37-	0,36-	0,35-	0,33-	0,31
82	N4o	- 0,01-	0,01-	0,01-	0,01-	0,01-	0,01-	0,01	0
83	N4o	- 0,04-	0,04-	0,04-	0,04-	0,04-	0,04-	0,04-	0,04
84	N4o	- 0,32-	0,32-	0,32-	0,32-	0,32-	0,32-	0,32-	0,32
	N4o	- 0,37-	0,37-	0,37-	0,37-	0,37-	0,37-	0,37-	0,36

Nr.	Kurzbez.	+0,00 m	0,04 m	0,11 m	0,22 m	0,38 m	0,60 m	0,89 m	1,26 m
85	04m	0	0	0	0	0	0	0	0
86	04m	- 0,03-	0,03-	0,03-	0,02-	0,02-	0,02-	0,02-	0,02
	04m	- 0,03-	0,03-	0,03-	0,02-	0,02-	0,02-	0,02-	0,02
87	03m	0	0	0	0	0	0	0	0
88	03m	- 0,02-	0,02-	0,02-	0,02-	0,02-	0,02-	0,02-	0,01
89	03m	- 0,11-	0,11-	0,11-	0,11-	0,11-	0,11-	0,11-	0,10
90	03m	- 0,04-	0,04-	0,04-	0,04-	0,04-	0,04-	0,04-	0,04
	03m	- 0,17-	0,17-	0,17-	0,17-	0,17-	0,17-	0,16-	0,16
91	W4m	- 0,25-	0,24-	0,23-	0,20-	0,17-	0,13-	0,07	0
92	W4m	- 0,99-	0,99-	0,99-	0,98-	0,98-	0,98-	0,97-	0,95
93	W4m	- 0,50-	0,50-	0,50-	0,51-	0,51-	0,52-	0,53-	0,54
	W4m	- 1,74-	1,73-	1,72-	1,69-	1,66-	1,63-	1,57-	1,49
94	W3m	- 0,10-	0,09-	0,08-	0,05-	0,02	0,02	0,08	0,16
95	W3m	- 0,54-	0,53-	0,53-	0,51-	0,49-	0,47-	0,43-	0,37
96	W3m	- 1,80-	1,81-	1,81-	1,82-	1,83-	1,84-	1,86-	1,87
	W3m	- 2,44-	2,43-	2,42-	2,38-	2,34-	2,29-	2,21-	2,08
97	W3n	- 0,08-	0,08-	0,08-	0,08-	0,08-	0,07-	0,07-	0,07
98	W3n	- 0,13-	0,13-	0,13-	0,12-	0,12-	0,12-	0,12-	0,12
	W3n	- 0,21-	0,21-	0,21-	0,20-	0,20-	0,19-	0,19-	0,19
99	03n	- 0,01-	0,01-	0,01-	0,01-	0,01-	0,01-	0,01-	0,01
100	03n	- 0,03-	0,03-	0,03-	0,03-	0,03-	0,03-	0,03-	0,03
	03n	- 0,04-	0,04-	0,04-	0,04-	0,04-	0,04-	0,04-	0,04
101	W4n	- 0,15-	0,15-	0,14-	0,13-	0,12-	0,11-	0,09-	0,06
102	W4n	- 0,46-	0,46-	0,46-	0,46-	0,46-	0,45-	0,44-	0,43
103	W4n	- 0,29-	0,29-	0,29-	0,29-	0,29-	0,29-	0,29-	0,29
	W4n	- 0,90-	0,90-	0,89-	0,88-	0,87-	0,85-	0,82-	0,78
104	04n	- 0,01-	0,01-	0,01-	0,01-	0,01-	0,01-	0,01-	0,01
105	04n	- 0,08-	0,08-	0,08-	0,08-	0,08-	0,08-	0,08-	0,07
106	04n	- 0,05-	0,05-	0,05-	0,05-	0,05-	0,05-	0,05-	0,04
	04n	- 0,14-	0,14-	0,14-	0,14-	0,14-	0,14-	0,13-	0,13
107	04s	0	0	0	0	0	0	0	0
108	04s	- 0,02-	0,01-	0,01-	0,01-	0,01-	0,01-	0,01-	0,01
109	04s	- 0,10-	0,10-	0,10-	0,10-	0,10-	0,10-	0,10-	0,09
110	04s	- 0,06-	0,06-	0,06-	0,06-	0,06-	0,06-	0,06-	0,06
	04s	- 0,18-	0,17-	0,17-	0,17-	0,17-	0,17-	0,17-	0,16
111	W4s	- 3,41-	3,14-	2,67-	1,90-	0,76	0,83	2,87	5,18
112	W4s	- 7,62-	7,68-	7,77-	7,92-	8,11-	8,32-	8,47-	8,35
113	W4s	- 6,18-	6,23-	6,32-	6,45-	6,66-	6,97-	7,40-	7,99
114	W4s	- 0,80-	0,80-	0,81-	0,82-	0,83-	0,85-	0,88-	0,92
	W4s	- 18,01-	17,85-	17,57-	17,09-	16,36-	15,31-	13,88-	12,08
115	W3s	- 0,42-	0,38-	0,32-	0,23-	0,09	0,10	0,35	0,65
116	W3s	- 1,57-	1,57-	1,57-	1,56-	1,55-	1,52-	1,45-	1,33
117	W3s	- 2,03-	2,04-	2,06-	2,10-	2,15-	2,22-	2,31-	2,44
	W3s	- 4,02-	3,99-	3,95-	3,89-	3,79-	3,64-	3,41-	3,12
118	03s	0	0	0	0	0	0	0	0
119	03s	- 0,01-	0,01-	0,01-	0,01-	0,01-	0,01-	0,01-	0,01
120	03s	- 0,05-	0,05-	0,05-	0,05-	0,05-	0,05-	0,04-	0,04
121	03s	- 0,04-	0,04-	0,04-	0,04-	0,04-	0,04-	0,04-	0,04
	03s	- 0,10-	0,10-	0,10-	0,10-	0,10-	0,10-	0,09-	0,09
122	02s	0	0	0	0	0	0	0	0
123	02s	- 0,08-	0,08-	0,08-	0,08-	0,08-	0,08-	0,08-	0,07
124	02s	- 0,20-	0,20-	0,20-	0,20-	0,20-	0,20-	0,20-	0,20
	02s	- 0,28-	0,28-	0,28-	0,28-	0,28-	0,28-	0,28-	0,27

Nr.	Kurzbez.	+0,00 m	0,04 m	0,11 m	0,22 m	0,38 m	0,60 m	0,89 m	1,26 m
125	O2n	- 0,01-	0,01-	0,01-	0,01-	0,01	0	0	0
126	O2n	- 0,08-	0,08-	0,07-	0,07-	0,07-	0,07-	0,07-	0,07
127	O2n	- 0,06-	0,06-	0,06-	0,06-	0,06-	0,06-	0,06-	0,06
	O2n	- 0,15-	0,15-	0,14-	0,14-	0,14-	0,13-	0,13-	0,13
128	W2s	- 0,10-	0,09-	0,07-	0,05-	0,02	0,02	0,08	0,15
129	W2s	- 1,69-	1,69-	1,69-	1,69-	1,69-	1,69-	1,68-	1,65
130	W2s	- 0,56-	0,56-	0,57-	0,57-	0,58-	0,59-	0,61-	0,63
	W2s	- 2,35-	2,34-	2,33-	2,31-	2,29-	2,26-	2,21-	2,13
131	W2n	- 0,03-	0,03-	0,03-	0,03-	0,02-	0,02-	0,01	0
132	W2n	- 0,28-	0,28-	0,28-	0,28-	0,27-	0,27-	0,26-	0,25
133	W2n	- 0,19-	0,19-	0,19-	0,19-	0,19-	0,19-	0,19-	0,19
	W2n	- 0,50-	0,50-	0,50-	0,49-	0,49-	0,48-	0,46-	0,44
134	W1s	- 0,01-	0,01-	0,01-	0,01	0	0	0,01	0,02
135	W1s	- 0,38-	0,38-	0,38-	0,38-	0,37-	0,37-	0,36-	0,35
	W1s	- 0,39-	0,39-	0,39-	0,38-	0,37-	0,36-	0,35-	0,33
136	W1n	- 0,01-	0,01-	0,01-	0,01-	0,01-	0,01	0	0
137	W1n	- 0,04-	0,04-	0,04-	0,04-	0,04-	0,04-	0,04-	0,03
	W1n	- 0,05-	0,05-	0,05-	0,05-	0,05-	0,05-	0,04-	0,03
138	Mn	- 0,03-	0,03-	0,03-	0,03-	0,03-	0,03-	0,03-	0,03
139	O1n	- 0,01-	0,01-	0,01-	0,01	0	0	0	0
140	O1n	- 0,02-	0,02-	0,02-	0,02-	0,02-	0,02-	0,02-	0,02
	O1n	- 0,03-	0,03-	0,03-	0,03-	0,02-	0,02-	0,02-	0,02
141	O1s	0	0	0	0	0	0	0	0
142	O1s	- 0,11-	0,11-	0,11-	0,11-	0,11-	0,11-	0,10-	0,10
	O1s	- 0,11-	0,11-	0,11-	0,11-	0,11-	0,11-	0,10-	0,10
143	Ww	- 0,50-	0,50-	0,50-	0,49-	0,48-	0,47-	0,45-	0,43
153	8	- 0,04-	0,04-	0,04-	0,04-	0,04-	0,03-	0,03-	0,02
154	St	- 0,55-	0,51-	0,43-	0,31-	0,12	0,13	0,46	0,82
155	6u	12,41	10,78	8,49	5,99	3,86	2,36	1,41	0,85
156	6p	6,31	5,50	4,25	2,78	1,57	0,82	0,43	0,23
	6	18,72	16,28	12,74	8,77	5,43	3,18	1,84	1,08
157	A7	- 0,68-	0,68-	0,69-	0,70-	0,71-	0,70-	0,67-	0,61
158	7	0,43	0,43	0,44	0,44	0,45	0,44	0,42	0,38
		- 0,25-	0,25-	0,25-	0,26-	0,26-	0,26-	0,25-	0,23
159	Gp	0,05	0,06	0,06	0,06	0,07	0,07	0,07	0,07
160	Vwo	0	0	0	0	0	0	0	0
161	Vwu	0	0	0	0	0	0	0	0
162	Vw	0	0	0	0,01	0,01	0,02	0,03	0,05
		0	0	0	0,01	0,01	0,02	0,03	0,05
163	Vo1	0	0	0	0	0	0	0,01	0,01
164	Vo2	0	0	0	0	0	0	0	0,01
		0	0	0	0	0	0	0,01	0,02
165	Vs	- 0,05-	0,05-	0,05-	0,05-	0,04-	0,04-	0,03-	0,02
1- 4	Gel.Aufbau	14,12	14,19	14,29	14,47	14,73	15,12	15,72	16,73
5- 18	Baugrube	83,79	79,45	71,88	60,06	42,96	19,59-	10,96-	49,71
19-143	Geb.Aufbau	- 69,29-	68,83-	68,09-	66,80-	64,91-	62,21-	58,41-	53,41
153-158	Nahpfeiler	17,88	15,48	12,02	8,16	5,01	3,02	2,02	1,65
		46,50	40,29	30,10	15,89-	2,21-	24,48-	51,63-	84,74
159	Pl.üb.S7	0,05	0,06	0,06	0,06	0,07	0,07	0,07	0,07
160-165	Kohlen	- 0,05-	0,05-	0,05-	0,04-	0,03-	0,02	0,01	0,05

Tabelle 31: Anziehung in μ Gal auf S7 + ... m

Nr.	Kurzbez.	+0,00 m	0,04 m	0,11 m	0,22 m	0,38 m	0,60 m	0,89 m	1,26 m
1	Gn	-3,99	-3,95	-3,88	-3,77	-3,60	-3,37	-3,05	-2,62
2	G'n	-2,26	-2,26	-2,24	-2,22	-2,19	-2,13	-2,03	-1,85
3	Gs	5,75	5,68	5,55	5,35	5,05	4,63	4,05	3,27
4	G's	10,76	10,80	10,87	10,99	11,15	11,35	11,57	11,69
		10,26	10,27	10,30	10,35	10,41	10,48	10,54	10,49
5	An	2,76	2,70	2,60	2,43	2,19	1,85	1,40	0,82
6	An'	-0,05	-0,05	-0,05	-0,04	-0,04	-0,03	-0,02	-0,01
7	Am	9,59	9,40	9,05	8,51	7,70	6,55	5,00	2,96
8	As	130,73	131,60	131,72	118,54	99,40	73,15	38,63	-5,35
9	As'	-0,23	-0,22	-0,21	-0,19	-0,16	-0,12	-0,06	0,01
10	A's	30,56	30,82	31,28	32,03	33,18	34,84	37,22	40,59
		173,36	174,25	174,39	161,28	142,27	116,24	82,17	39,02
11	Anw	0,06	0,06	0,06	0,05	0,05	0,04	0,04	0,03
12	Anm	0,05	0,05	0,04	0,04	0,04	0,03	0,03	0,02
13	Ano	0,03	0,03	0,03	0,03	0,03	0,02	0,02	0,01
14	Aa	0,02	0,02	0,02	0,02	0,02	0,02	0,01	0,01
15	Ag	0,01	0,01	0,01	0,01	0,01	0,01	0,01	0,01
16	Ao	0	0	0	0	0	0	-0,01	-0,01
17	Awu	0,01	0,01	0,01	0,01	0,01	0	0	0
18	Awo	0	0	0	0	0	0	0	0
		0,17	0,17	0,16	0,15	0,14	0,12	0,10	0,07
19	B	-1,75	-1,70	-1,61	-1,46	-1,25	-0,95	-0,56	-0,05
20	B	-34,24	-34,20	-34,14	-34,03	-33,86	-33,60	-33,23	-32,67
21	BI	15,05	15,02	14,97	14,87	14,73	14,52	14,23	13,82
22	BII	7,84	7,81	7,77	7,70	7,60	7,45	7,26	7,00
23	W2m	-0,37	-0,37	-0,37	-0,37	-0,38	-0,38	-0,39	-0,40
24	O2m	-0,10	-0,10	-0,10	-0,10	-0,10	-0,10	-0,10	-0,10
	R	-13,57	-13,54	-13,48	-13,39	-13,26	-13,06	-12,79	-12,40
25	Ib	-0,71	-0,69	-0,65	-0,59	-0,50	-0,38	-0,22	-0,02
26	H	0,03	0,02	0,02	0,02	0,02	0,01	0,01	0
27	Hg	0,02	0,02	0,01	0,01	0,01	0	-0,01	-0,01
	I	-0,66	-0,65	-0,62	-0,56	-0,47	-0,37	-0,22	-0,03
28	II	-0,31	-0,31	-0,29	-0,27	-0,24	-0,20	-0,15	-0,08
29	III	-0,07	-0,06	-0,06	-0,06	-0,05	-0,04	-0,02	-0,01
30	IV	-0,02	-0,02	-0,02	-0,02	-0,02	-0,01	-0,01	0
31	Cb	-0,09	-0,09	-0,08	-0,08	-0,08	-0,08	-0,07	-0,07
32	Cb	-0,15	-0,15	-0,15	-0,15	-0,15	-0,15	-0,15	-0,15
33	Ci	0,05	0,05	0,05	0,05	0,05	0,05	0,05	0,05
	C	-0,19	-0,19	-0,18	-0,18	-0,18	-0,18	-0,17	-0,17
34	S1w	-0,43	-0,42	-0,41	-0,39	-0,36	-0,31	-0,25	-0,18
35	N1w	-0,21	-0,21	-0,20	-0,19	-0,18	-0,15	-0,12	-0,09
36	S2w	-0,81	-0,79	-0,77	-0,73	-0,68	-0,60	-0,49	-0,34
37	S2w	-2,34	-2,34	-2,35	-2,37	-2,40	-2,43	-2,47	-2,51
38	S2w	-0,49	-0,49	-0,50	-0,50	-0,51	-0,52	-0,53	-0,55
	S2w	-3,64	-3,62	-3,62	-3,60	-3,59	-3,55	-3,49	-3,40
39	N2w	-0,20	-0,20	-0,19	-0,18	-0,17	-0,15	-0,12	-0,08
40	N2w	-0,62	-0,62	-0,61	-0,61	-0,60	-0,60	-0,58	-0,56
41	N2w	-0,37	-0,37	-0,37	-0,37	-0,37	-0,37	-0,38	-0,38
42	N2w	-0,32	-0,32	-0,32	-0,32	-0,32	-0,33	-0,33	-0,34
	N2w	-1,51	-1,51	-1,49	-1,48	-1,46	-1,45	-1,41	-1,36
43	S1o	0	0	0	0	0	0	0	0
44	S1o	-0,08	-0,08	-0,08	-0,08	-0,08	-0,08	-0,08	-0,07
45	S1o	-0,04	-0,04	-0,04	-0,04	-0,04	-0,04	-0,04	-0,04
	S1o	-0,12	-0,12	-0,12	-0,12	-0,12	-0,12	-0,12	-0,11

Nr.	Kurzbez.	+0,00 m	0,04 m	0,11 m	0,22 m	0,38 m	0,60 m	0,89 m	1,26 m
46	N1o	0	0	0	0	0	0	0	0
47	N1o	- 0,07-	0,07-	0,07-	0,07-	0,07-	0,07-	0,07-	0,06
48	N1o	- 0,04-	0,04-	0,04-	0,04-	0,04-	0,04-	0,04-	0,04
	N1o	- 0,11-	0,11-	0,11-	0,11-	0,11-	0,11-	0,11-	0,10
49	S3w	- 5,75-	5,66-	5,50-	5,19-	4,65-	3,74-	2,28-	0,20
50	S3w	- 3,57-	3,62-	3,70-	3,82-	4,01-	4,29-	4,66-	5,12
51	S3w	- 2,00-	2,01-	2,04-	2,09-	2,16-	2,26-	2,41-	2,61
	S3w	- 11,32-	11,29-	11,24-	11,10-	10,82-	10,29-	9,35-	7,93
52	S'w	- 1,73-	1,73-	1,73-	1,72-	1,71-	1,69-	1,65-	1,59
53	S3o	0	0	0	0	0	0	0	0
54	S3o	- 0,03-	0,03-	0,03-	0,03-	0,03-	0,03-	0,02-	0,02
55	S3o	- 0,04-	0,04-	0,04-	0,04-	0,04-	0,04-	0,03-	0,03
	S3o	- 0,07-	0,07-	0,07-	0,07-	0,07-	0,06-	0,06-	0,05
56	N3w	- 0,14-	0,14-	0,14-	0,14-	0,14-	0,14-	0,14-	0,14
57	N3o	- 0,01-	0,01-	0,01-	0,01-	0,01-	0,01-	0,01	0
58	N3o	- 0,06-	0,06-	0,06-	0,06-	0,06-	0,06-	0,06-	0,06
	N3o	- 0,07-	0,07-	0,07-	0,07-	0,07-	0,07-	0,07-	0,06
59	S3m	- 0,33-	0,32-	0,30-	0,28-	0,24-	0,18-	0,11-	0,01
60	S3m	- 1,37-	1,38-	1,38-	1,38-	1,38-	1,38-	1,37-	1,34
61	S3m	- 2,69-	2,70-	2,72-	2,74-	2,78-	2,83-	2,90-	2,99
	S3m	- 4,39-	4,40-	4,40-	4,40-	4,40-	4,39-	4,38-	4,34
62	N3m	- 0,08-	0,07-	0,07-	0,07-	0,06-	0,05-	0,04-	0,03
63	N3m	- 0,32-	0,32-	0,32-	0,32-	0,32-	0,32-	0,32-	0,31
	N3m	- 0,40-	0,39-	0,39-	0,39-	0,38-	0,37-	0,36-	0,34
64	S4w	- 1,07-	1,05-	0,99-	0,91-	0,79-	0,61-	0,36-	0,03
65	S4w	- 2,00-	2,00-	2,00-	2,00-	1,99-	1,96-	1,91-	1,82
66	S4w	- 2,91-	2,92-	2,95-	2,99-	3,04-	3,12-	3,23-	3,37
67	S4w	- 0,55-	0,55-	0,56-	0,56-	0,57-	0,59-	0,60-	0,63
	S4w	- 6,53-	6,52-	6,50-	6,46-	6,39-	6,28-	6,10-	5,85
68	S4m	- 0,28-	0,27-	0,26-	0,23-	0,20-	0,15-	0,09-	0,01
69	S4m	- 0,68-	0,68-	0,67-	0,66-	0,65-	0,62-	0,59-	0,54
70	S4m	- 0,98-	0,98-	0,99-	0,99-	0,99-	0,99-	0,99-	0,98
71	S4m	- 0,85-	0,86-	0,86-	0,86-	0,87-	0,88-	0,89-	0,90
	S4m	- 2,79-	2,79-	2,78-	2,74-	2,71-	2,64-	2,56-	2,43
72	S4o	- 0,01-	0,01-	0,01-	0,01-	0,01	0	0	0
73	S4o	- 0,02-	0,02-	0,02-	0,02-	0,02-	0,02-	0,02-	0,02
74	S4o	- 0,13-	0,13-	0,13-	0,13-	0,13-	0,13-	0,12-	0,12
75	S4o	- 0,08-	0,08-	0,08-	0,08-	0,08-	0,08-	0,08-	0,08
	S4o	- 0,24-	0,24-	0,24-	0,24-	0,24-	0,23-	0,22-	0,22
76	N4w	- 0,07-	0,07-	0,07-	0,07-	0,06-	0,06-	0,05-	0,04
77	N4w	- 0,18-	0,18-	0,18-	0,18-	0,18-	0,17-	0,17-	0,17
78	N4w	- 0,12-	0,12-	0,12-	0,12-	0,12-	0,12-	0,12-	0,12
	N4w	- 0,37-	0,37-	0,37-	0,37-	0,36-	0,35-	0,34-	0,33
79	N4m	- 0,14-	0,14-	0,13-	0,13-	0,12-	0,11-	0,10-	0,08
80	N4m	- 0,14-	0,14-	0,14-	0,14-	0,13-	0,13-	0,13-	0,12
81	N4m	- 0,23-	0,23-	0,23-	0,22-	0,22-	0,22-	0,22-	0,22
	N4m	- 0,51-	0,51-	0,50-	0,49-	0,47-	0,46-	0,45-	0,43
82	N4o	- 0,02-	0,02-	0,02-	0,02-	0,02-	0,01-	0,01-	0,01
83	N4o	- 0,05-	0,05-	0,05-	0,05-	0,05-	0,05-	0,05-	0,05
84	N4o	- 0,36-	0,36-	0,36-	0,36-	0,36-	0,36-	0,36-	0,35
	N4o	- 0,43-	0,43-	0,43-	0,43-	0,43-	0,42-	0,42-	0,41

Nr.	Kurzbez.	+0,00 m	0,04 m	0,11 m	0,22 m	0,38 m	0,60 m	0,89 m	1,26 m
85	04m	0	0	0	0	0	0	0	0
86	04m	- 0,03-	0,03-	0,03-	0,03-	0,03-	0,03-	0,03-	0,03
	04m	- 0,03-	0,03-	0,03-	0,03-	0,03-	0,03-	0,03-	0,03
87	03m	- 0,01-	0,01-	0,01-	0,01-	0,01	0	0	0
88	03m	- 0,03-	0,03-	0,03-	0,03-	0,03-	0,03-	0,03-	0,02
89	03m	- 0,15-	0,15-	0,15-	0,14-	0,14-	0,14-	0,14-	0,13
90	03m	- 0,04-	0,04-	0,04-	0,04-	0,04-	0,04-	0,04-	0,04
	03m	- 0,23-	0,23-	0,23-	0,22-	0,22-	0,21-	0,20-	0,20
91	W4m	- 0,32-	0,31-	0,30-	0,29-	0,26-	0,23-	0,19-	0,13
92	W4m	- 0,87-	0,87-	0,87-	0,87-	0,87-	0,87-	0,86-	0,86
93	W4m	- 0,45-	0,45-	0,45-	0,45-	0,46-	0,47-	0,47-	0,49
	W4m	- 1,64-	1,63-	1,62-	1,61-	1,59-	1,57-	1,52-	1,48
94	W3m	- 0,43-	0,41-	0,39-	0,36-	0,31-	0,24-	0,14-	0,01
95	W3m	- 0,90-	0,89-	0,89-	0,88-	0,87-	0,85-	0,81-	0,76
96	W3m	- 2,07-	2,07-	2,08-	2,10-	2,12-	2,15-	2,18-	2,23
	W3m	- 3,40-	3,38-	3,36-	3,34-	3,30-	3,24-	3,13-	3,00
97	W3n	- 0,10-	0,10-	0,10-	0,09-	0,09-	0,09-	0,09-	0,08
98	W3n	- 0,14-	0,14-	0,14-	0,14-	0,14-	0,14-	0,14-	0,14
	W3n	- 0,24-	0,24-	0,24-	0,23-	0,23-	0,23-	0,23-	0,22
99	03n	- 0,02-	0,02-	0,02-	0,02-	0,02-	0,02-	0,02-	0,02
100	03n	- 0,04-	0,04-	0,04-	0,04-	0,04-	0,04-	0,04-	0,04
	03n	- 0,06-	0,06-	0,06-	0,06-	0,06-	0,06-	0,06-	0,06
101	W4n	- 0,21-	0,21-	0,20-	0,19-	0,18-	0,17-	0,15-	0,12
102	W4n	- 0,48-	0,48-	0,48-	0,48-	0,48-	0,47-	0,46-	0,45
103	W4n	- 0,28-	0,28-	0,28-	0,29-	0,29-	0,29-	0,29-	0,29
	W4n	- 0,97-	0,97-	0,96-	0,96-	0,95-	0,93-	0,90-	0,86
104	04n	- 0,02-	0,02-	0,02-	0,02-	0,02-	0,02-	0,02-	0,01
105	04n	- 0,10-	0,10-	0,10-	0,10-	0,10-	0,10-	0,09-	0,09
106	04n	- 0,06-	0,06-	0,05-	0,05-	0,05-	0,05-	0,05-	0,05
	04n	- 0,18-	0,18-	0,17-	0,17-	0,17-	0,17-	0,16-	0,15
107	04s	- 0,01-	0,01-	0,01-	0,01	0	0	0	0
108	04s	- 0,02-	0,02-	0,02-	0,02-	0,02-	0,02-	0,02-	0,02
109	04s	- 0,13-	0,13-	0,13-	0,13-	0,13-	0,13-	0,12-	0,12
110	04s	- 0,07-	0,07-	0,07-	0,07-	0,07-	0,07-	0,07-	0,07
	04s	- 0,23-	0,23-	0,23-	0,23-	0,22-	0,22-	0,21-	0,21
111	W4s	- 2,00-	1,95-	1,86-	1,71-	1,49-	1,15-	0,68-	0,06
112	W4s	- 3,34-	3,34-	3,35-	3,36-	3,36-	3,36-	3,32-	3,21
113	W4s	- 4,30-	4,32-	4,37-	4,43-	4,53-	4,67-	4,86-	5,11
114	W4s	- 0,69-	0,69-	0,69-	0,70-	0,71-	0,73-	0,75-	0,78
	W4s	- 10,33-	10,30-	10,27-	10,20-	10,09-	9,91-	9,61-	9,16
115	W3s	- 4,25-	4,18-	4,06-	3,83-	3,42-	2,74-	1,68-	0,15
116	W3s	- 3,02-	3,06-	3,12-	3,22-	3,37-	3,58-	3,86-	4,19
117	W3s	- 2,19-	2,20-	2,23-	2,28-	2,36-	2,46-	2,61-	2,83
	W3s	- 9,46-	9,44-	9,41-	9,33-	9,15-	8,78-	8,15-	7,17
118	03s	0	0	0	0	0	0	0	0
119	03s	- 0,01-	0,01-	0,01-	0,01-	0,01-	0,01-	0,01-	0,01
120	03s	- 0,06-	0,06-	0,06-	0,06-	0,06-	0,06-	0,06-	0,06
121	03s	- 0,05-	0,05-	0,05-	0,05-	0,05-	0,05-	0,05-	0,05
	03s	- 0,12-	0,12-	0,12-	0,12-	0,12-	0,12-	0,12-	0,12
122	02s	- 0,01-	0,01-	0,01	0	0	0	0	0
123	02s	- 0,11-	0,11-	0,11-	0,11-	0,11-	0,11-	0,10-	0,10
124	02s	- 0,24-	0,24-	0,24-	0,24-	0,24-	0,24-	0,24-	0,24
	02s	- 0,36-	0,36-	0,36-	0,35-	0,35-	0,35-	0,34-	0,34

Nr.	Kurzbez.	+0,00 m	0,04 m	0,11 m	0,22 m	0,38 m	0,60 m	0,89 m	1,26 m
125	02n	- 0,02-	0,01-	0,01-	0,01-	0,01-	0,01-	0,01-	0,01
126	02n	- 0,10-	0,10-	0,10-	0,09-	0,09-	0,09-	0,09-	0,09
127	02n	- 0,07-	0,07-	0,07-	0,07-	0,07-	0,07-	0,07-	0,07
	02n	- 0,19-	0,18-	0,18-	0,17-	0,17-	0,17-	0,17-	0,17
128	W2s	- 0,63-	0,61-	0,58-	0,54-	0,46-	0,36-	0,21-	0,02
129	W2s	- 2,62-	2,63-	2,64-	2,67-	2,70-	2,74-	2,78-	2,83
130	W2s	- 0,59-	0,59-	0,60-	0,60-	0,61-	0,63-	0,65-	0,67
	W2s	- 3,84-	3,83-	3,82-	3,81-	3,77-	3,73-	3,64-	3,52
131	W2n	- 0,06-	0,06-	0,06-	0,06-	0,05-	0,04-	0,04-	0,02
132	W2n	- 0,34-	0,34-	0,34-	0,34-	0,33-	0,33-	0,32-	0,31
133	W2n	- 0,21-	0,21-	0,21-	0,21-	0,21-	0,21-	0,21-	0,21
	W2n	- 0,61-	0,61-	0,61-	0,60-	0,59-	0,58-	0,57-	0,54
134	W1s	- 0,05-	0,05-	0,05-	0,04-	0,04-	0,03-	0,02	0
135	W1s	- 0,56-	0,56-	0,56-	0,56-	0,55-	0,55-	0,54-	0,53
	W1s	- 0,61-	0,61-	0,61-	0,60-	0,59-	0,58-	0,56-	0,53
136	W1n	- 0,03-	0,03-	0,03-	0,02-	0,02-	0,02-	0,02-	0,01
137	W1n	- 0,04-	0,04-	0,04-	0,04-	0,04-	0,04-	0,04-	0,04
	W1n	- 0,07-	0,07-	0,07-	0,06-	0,06-	0,06-	0,06-	0,05
138	Mn	- 0,03-	0,03-	0,03-	0,03-	0,03-	0,03-	0,03-	0,03
139	01n	- 0,01-	0,01-	0,01-	0,01-	0,01-	0,01-	0,01-	0,01
140	01n	- 0,03-	0,03-	0,03-	0,03-	0,03-	0,03-	0,03-	0,02
	01n	- 0,04-	0,04-	0,04-	0,04-	0,04-	0,04-	0,04-	0,03
141	01s	- 0,01-	0,01-	0,01-	0,01-	0,01-	0,01	0	0
142	01s	- 0,16-	0,16-	0,16-	0,16-	0,15-	0,15-	0,15-	0,14
	01s	- 0,17-	0,17-	0,17-	0,17-	0,16-	0,16-	0,15-	0,15
143	Ww	- 0,43-	0,43-	0,43-	0,42-	0,42-	0,41-	0,39-	0,38
153	8	- 0,08-	0,08-	0,08-	0,08-	0,08-	0,07-	0,07-	0,06
154	St	- 0,73-	0,72-	0,70-	0,66-	0,60-	0,48-	0,30-	0,03
155	6u	- 0,08-	0,08-	0,06-	0,04-	0,01	0,04	0,09	0,14
156	6p	- 0,02-	0,02-	0,02-	0,02-	0,01-	0,01	0	0,02
	6	- 0,10-	0,10-	0,08-	0,06-	0,02	0,03	0,09	0,16
157	A7	- 20,01-	22,76-	26,62-	20,57-	14,28-	9,09-	5,54-	3,35
158	7	21,51	19,36	16,10	12,12	8,28	5,27	3,25	1,99
		1,50-	3,40-	10,52-	8,45-	6,00-	3,82-	2,29-	1,36
159	Gp	- 9,92-	4,08	10,22	7,21	4,24	2,20	1,11	0,58
160	Vwo	0	0	0	0	0	0	0	0
161	Vwu	- 0,01-	0,01-	0,01	0	0	0	0	0
162	Vn	- 0,03-	0,03-	0,03-	0,03-	0,02-	0,01	0	0,02
		- 0,04-	0,04-	0,04-	0,03-	0,02-	0,01	0	0,02
163	Vo1	- 0,01-	0,01-	0,01-	0,01	0	0	0	0
164	Vo2	- 0,01-	0,01-	0,01	0	0	0	0	0
		- 0,02-	0,02-	0,02-	0,01	0	0	0	0
165	Vs	- 0,08-	0,08-	0,08-	0,08-	0,07-	0,07-	0,06-	0,05
1- 4	Gel.Aufbau	10,26	10,27	10,30	10,35	10,41	10,48	10,54	10,49
5--18	Baugrube	173,53	174,42	174,55	161,43	142,41	116,36	82,27	39,09
19-143	Geb.Aufbau	- 83,07-	82,85-	82,48-	81,74-	80,54-	78,52-	75,23-	70,45
153-158	Nahpfeiler	0,59-	4,30-	11,38-	9,25-	6,70-	4,34-	2,57-	1,29
		101,31	97,54	90,99	80,79	65,58	43,98	15,01-	22,16
159	Pl.üb.S7	- 9,92-	4,08	10,22	7,21	4,24	2,20	1,11	0,58
160-165	Kohlen	- 0,14-	0,14-	0,13-	0,12-	0,10-	0,08-	0,06-	0,03

Abb. 9: Pendel-Saal

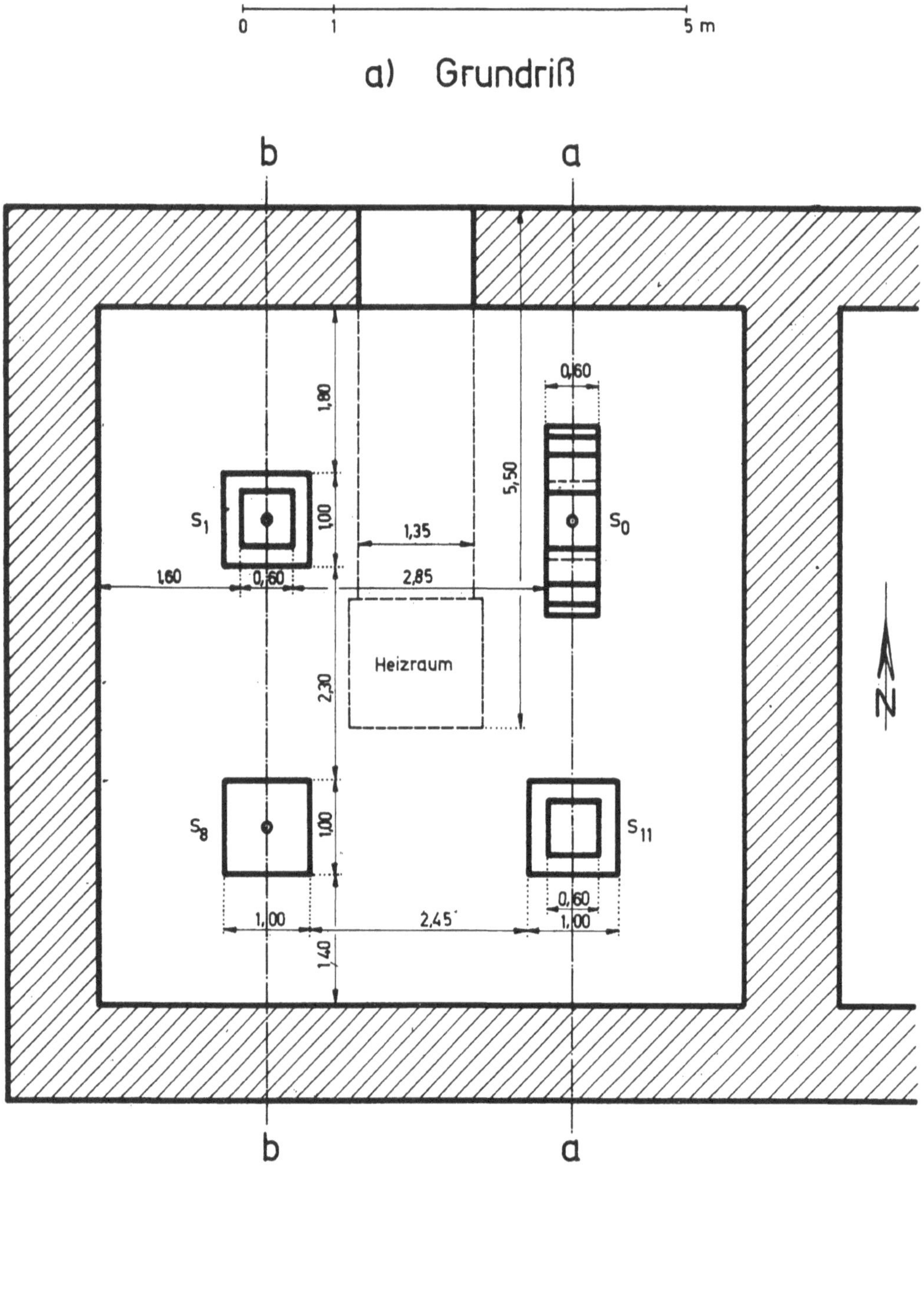

a) Grundriß

Abb. 9: Pendel-Saal

b) Schnitt a-a

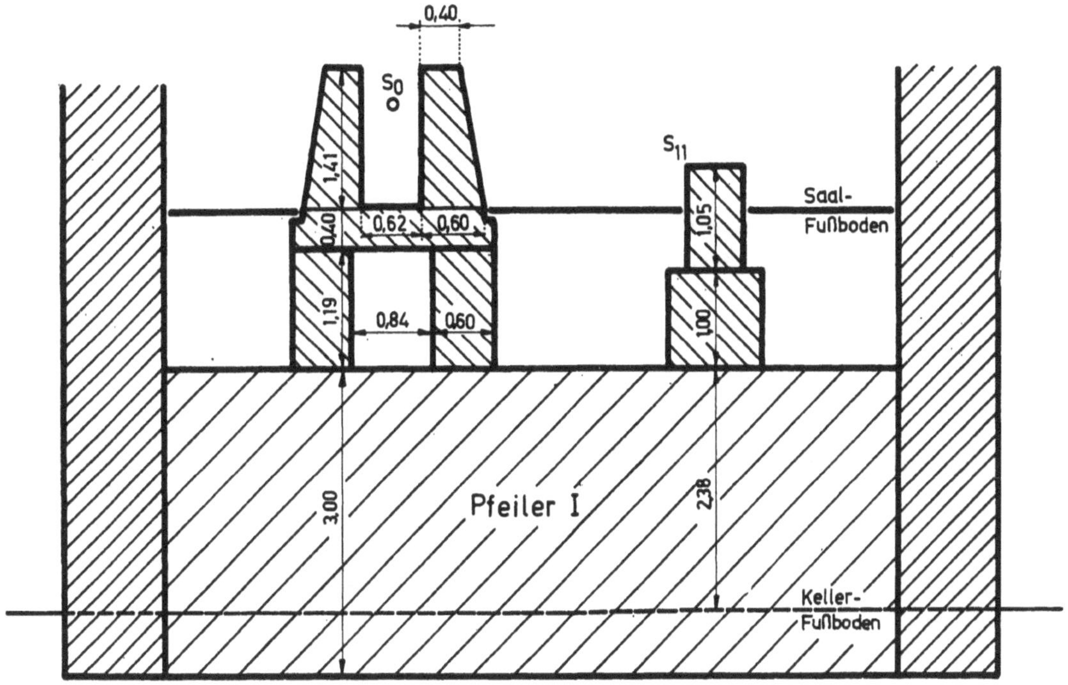

c) Schnitt b-b

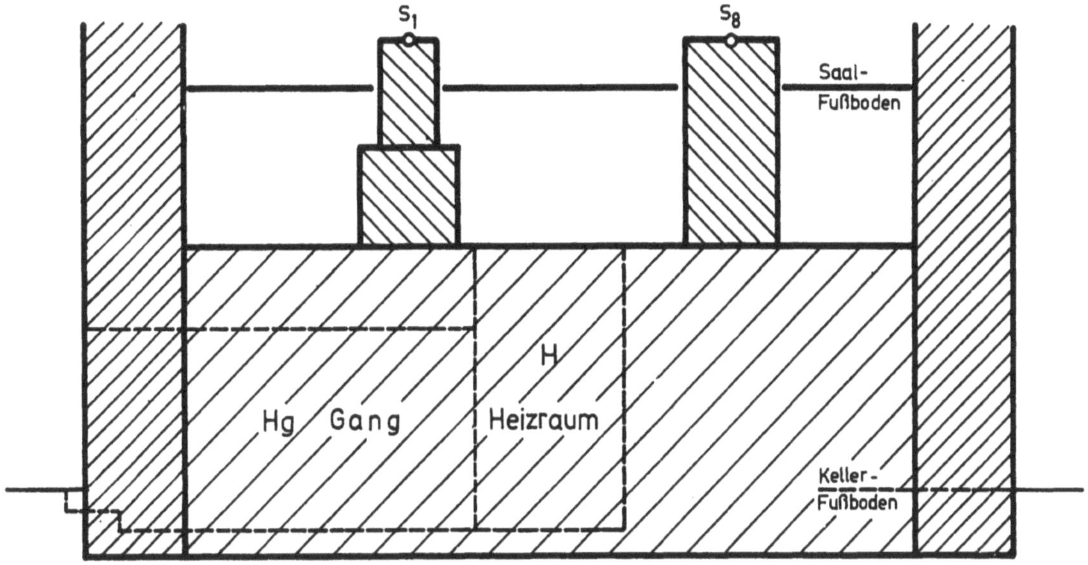

Das neue Werkstattgebäude wurde nicht aufgegliedert. Es erschien ausreichend, seine dem Hauptgebäude zugekehrte Wand ohne Dichteverminderung in die Rechnung einzubeziehen.

Von den Stütz- und kleineren Beobachtungspfeilern im Geodätischen Institut ist kein spürbarer Gravitationseinfluß zu erwarten, ausgenommen von jenen, welche sich im Pendelsaal (Abb. 9a, b, c) und Pendelkeller (Abb. 10a, b) befinden, weil sie in unmittelbarer Nähe der gravimetrischen Punkte S0, S8, S1 bzw. S6, S7 stehen. Während bei Pfeiler 7 auch der umgebende Aushub A7 berücksichtigt wurde, ist Pfeiler 6 einfachheitshalber auf dem Kellerboden stehend angenommen. Für den Meßpunkt S7' ist auch die Gravitation der auf Pfeiler S7 aufzulegenden Granitplatte Gp von Bedeutung.

Als vorübergehend vorhandene Massen wurden die im Winter gelagerten Kohlenvorräte in die Untersuchung einbezogen. Es ist zu befürchten, daß die in der Nähe des Anschlußpunktes S2 liegenden Vorräte (Vn und Vw) einen beachtlichen Einfluß ausüben.

3. Durchführung der Rechnung

a) Vorläufige Rechnung

Die Gravitation der einzelnen Massen wurde mit Hilfe des ZRA I im Rechenzentrum der Sternwarte Babelsberg ermittelt, welches auch die Programmierung besorgte. In den Tab. 3(a-f) sind diese Einzelkräfte in verschiedenen Höhen über dem Aufpunkt S0 bzw. S8, S1, S2, S6, S7 zusammengestellt. Bei den Zwischensummen über die einzelnen Teile einer Mauer sind ersichtliche Auf- und Abrundungsfehler behoben worden. Am Ende der Tabelle findet man die Teilsummen über die Gravitation aller Massen, welche zum Aufbau des Geländes, zum Aushub der Baugrube und zum Aufbau des Institutsgebäudes beigetragen haben oder von den Nahpfeilern herrühren. Man kann so den Einfluß jeder dieser Gruppen leicht übersehen. Die Gesamtsummen beschließen die Tabellen. Sie stellen den von der Gravitation der Massen herrührenden Anteil U'_G an den Schweredifferenzen U' gegenüber der Ausgangsebene EE dar.

Tabelle 4:

	h'	U'_h	U'_G	U'	a'	b'	c'
S0	+2,05	-632,42	-152,91	-785,33	- 98,49	+ 2,79	+7,07
S8	+1,48	-456,58	-129,61	-586,19			
S1	+1,48	-456,58	-143,08	-599,66	-101,01	- 2,71	+8,15
S2	+0,42	-129,57	- 5,77	-135,34	+ 5,13	-10,65	-
EE	0	0	-	-			
S6	-2,24	+371,84	+ 46,50	+418,34	-125,23	-40,46	+1,08
S7	-3,05	+506,30	+101,31	+607,61	-147,15	-47,07	-0,04
S7'	-2,94	+488,04	+101,21	+589,25			

Die Beträge 0,00 m über Pfeileroberfläche, d. h. in den Punkten S0, S8, ..., S7 selbst werden in die Tab. 4 übernommen. Im Falle von S7' ist der Wert von S7 (Tab. 3f) aber 0,11 m höher einzusetzen und der Einfluß der Granitplatte G_p (Nr. 159) hinzuzufügen.

Abb.10: Pendel-Keller

a) Grundriß

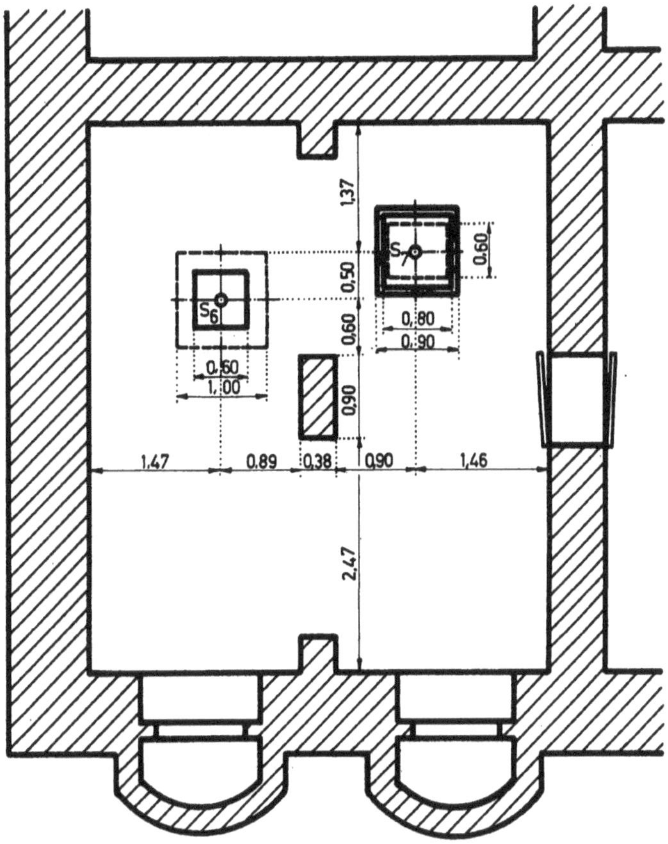

b) WO-Schnitt (schematisch)

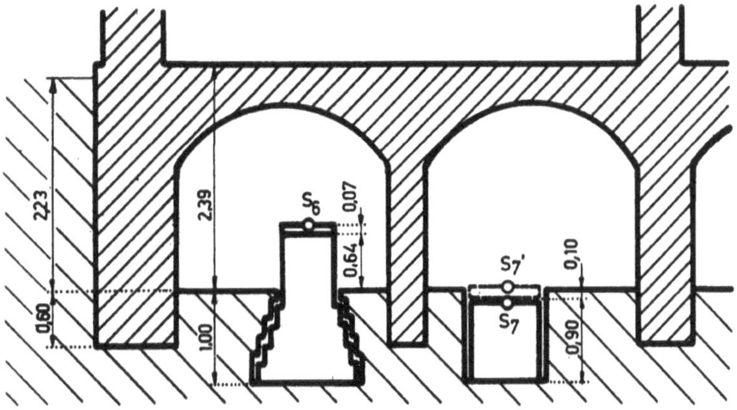

In Tab. 5 sind die in verschiedenen Höhen über Pfeiler berechneten Gesamtbeträge der Gravitationskräfte auf die Pfeileroberfläche bezogen, um den Einfluß der Baumassen auf die Gradienten in den betrachteten gravimetrischen Anschlußpunkten besser übersehen zu können. Damit die Unterschiede auch bildlich besonders deutlich zum Ausdruck kommen, sind in Abb. 11a nur die Abweichungen von der Freiluftschwere eingetragen, ähnlich wie bereits früher (II, Abb. 2) geschehen war. Bei S6, S7 und S7', welche unterhalb der fiktiven Erdoberfläche EE liegen, mußte daher in Tab. 5 auch der Gradientensprung (142,5 Gal/m) berücksichtigt werden. Die überragende Bedeutung des Freiluftgradienten wird in Abb. 11a durch die gestrichelte Gerade angedeutet.

Tabelle 5:

Höhe / über	0,00	0,04	0,11	0,22	0,38	0,60	0,89	1,26
S0	0	+1,15	+ 3,00	+ 5,97	+ 9,46	+11,74	+ 13,12	+ 15,84
S8	0	-3,14	- 8,03	-13,80	-19,38	-23,03	- 23,63	- 21,11
S1	0	-3,25	- 7,86	-12,54	-15,65	-16,20	- 14,11	- 9,70
S2	0	-0,26	- 0,66	- 1,31	- 2,25	- 3,33	- 4,60	- 5,85
(S6)	0	-6,21	-16,40	-30,61	-48,71	-70,98	- 98,13	-131,24
Grad.-sprung	0	+5,70	+15,68	+31,35	+54,15	+85,50	+126,82	+179,55
(S7)	0	-3,77	-10,32	-20,52	-35,73	-57,33	- 86,30	-123,47
S6	0	-0,51	- 0,72	+ 0,74	+ 5,44	+14,52	+ 28,69	+ 48,31
S7	0	+1,93	+ 5,36	+10,83	+18,42	+28,17	+ 40,52	+ 56,08

Höhe	0,00	+0,11	+0,27	+0,49	+0,78	+1,15
Grad. sprung	0	+5,47	+13,06	+22,81	+35,16	+50,72
(S7')	0	-3,01	- 5,98	- 8,02	- 9,11	- 9,64
S7'	0	+2,46	+ 7,08	+14,79	+26,05	+41,08

b) **Vergleich mit Gravimetermessungen**

Alle Massen außerhalb des unserer Rechnung zugrunde gelegten Gebiets von 80 x 100 m^2 (Abb. 8) waren vernachlässigt worden in der Annahme, daß ihr Gravitationseinfluß auf die Pfeiler S0, S8, ..., S7 bzw. auf die in verschiedener Höhe darüber gelegenen Punkte sich in der Rechenstelle nicht mehr unterscheidet. Sicher trifft das für die Gradientenberechnung zu, wo die meisten der acht ausgewählten Punkte in dem halben Höhenbereich von 1,26 m liegen. Die Pfeiler selbst befinden sich jedoch an verschiedenen Stellen im Geodätischen Institut, zum Teil weit voneinander entfernt. So liegen S2 und S7 etwa 25 m auseinander und der Höhenunterschied zwischen S0 und S7 beträgt über 5 m. Die erwähnte Voraussetzung wird hier weniger gut erfüllt sein, so daß man auf Grund der berechneten Schwerewerte U' (Tab. 4) nur Näherungswerte für die Schwereunterschiede u' (Tab. 6) zwischen den Pfeilern erwarten kann. Unbeschadet dieser Tatsache ist es jedoch interessant, wie weit diese berechneten Werte u' mit Messungen übereinstimmen.

Tabelle 6:

	$\bar{u}'''$	$\bar{u}''$	K'	$\bar{u}'$	u'	h	a	b	c
S2-S1	+ 511,2	+ 509,8	+11,6	+ 498,2	+ 464,3	-1,06	+106,1	- 7,9	-8,2
S2-S0	+ 687,4	+ 688,8	- 8,1	+ 696,9	+ 650,0	-1,63	+103,6	-13,4	-7,1
S6-S1	+1034,1	+1030,6	+14,8	+1015,8	+1018,0	-3,72	- 24,2	-37,8	-7,1
S7-S1	+1228,7	+1231,8	+25,4	+1206,4	+1207,3	-4,53	- 46,1	-44,4	-8,2
S6-S7	- 206,3	- 201,2	-10,6	- 190,6	- 189,3	+0,81	+ 21,9	+ 6,6	+1,1
S0-S1	- 179,9	- 178,9	+19,7	- 198,6	- 185,7	+0,57	+ 2,5	+ 5,5	-1,1
S7-S0	+1409,7	+1410,6	+ 5,6	+1405,0	+1392,9	-5,10	- 48,7	-49,9	-7,1

Im Februar 1965 wurden vom VEB Geophysik Leipzig mit einem Sharp-Gravimeter Schwereunterschiede zwischen den Punkten 0, 1, 2, 6, 7, 8 und 9 im Geodätischen Institut Potsdam gemessen,und zwar jeder Unterschied A - B in der Reihenfolge A - B - A - B - A mit dreimaliger Ablesung bei jeder Aufstellung. Zwischen dem Doppelpfeiler im Pendelsaal wurde ein vierbeiniges Stativ und die darauf befestigte und durch untergeschweißte Eisenschienen verstärkte 6 mm dicke Aluminiumplatte genau in die Höhe 87,00 m gebracht, so daß auf diese Weise die Aufstellung über S0 jener auf den anderen Pfeilern entsprach. Da wegen der Pendelapparatur auf S8 exzentrisch aufgestellt werden mußte, sind diese Messungen zwar in der Ausgleichung zur Beseitigung von Schlußfehlern benutzt, aber nicht zum Vergleich mit den hier berechneten Schwerewerten herangezogen worden, welche sich auf den zentrischen Punkt S8 beziehen. Auch die Messungen auf S9 wurden hier nicht gebraucht. Immerhin verbleiben noch sieben gemessene Schweredifferenzen, welche sich den hier berechneten Werten gegenüberstellen lassen.

Es ist zu bemerken, daß die direkt gemessenen Werte $\bar{u}'''$ einen Schlußfehler von 11,3 μGal im Dreieck S1-S6-S7 zeigten und die ausgeglichenen Beobachtungen $\bar{u}''$ einen mittleren Fehler von ± 3,2 μGal ergaben. In Tab. 6 sind sowohl die Meßwerte $\bar{u}'''$ wie $\bar{u}''$ eingetragen. Hier ist noch die Gravimeter-Korrektion K'_h gemäß II,2 Gl. (4a) anzubringen, da sich die schwere-empfindliche Masse im Sharp-Gravimeter schätzungsweise 25 cm über der Aufstellungsebene befindet. Am einfachsten entnimmt man die Korrektur $\Delta K' = K'_A - K'_B$ für den Schwereunterschied unmittelbar der Abb. 11a, weil in (4a) dann $K_0 = 0$ gesetzt werden kann. Wie man aus Tab. 6 erkennt, sind die Korrektionen ΔK beachtlich. Sie führen zu den verbesserten Meßwerten $\bar{u}'$, denen schließlich die als Differenz der U' (Tab. 4) berechneten Schweredifferenzen u' gegenübergestellt werden, und die Unterschiede $l_0 = u' - \bar{u}'$ in Tab. 7 ergeben mit einem mittleren Fehler von ± 22,9 μGal.

Die Ursache für diese großen Fehler kann nur zum Teil auf Vernachlässigungen von Massen im Gebäude und außerhalb zurückgeführt werden, zum Teil wird man sie der Unsicherheit zuschreiben müssen, welche in dem angenommenen theoretischen Wert -0,3085 mGal/m für den Freiluftgradienten und in den angenommenen Dichtewerten liegt. Die bisherige Rechnung stützte sich nur auf eine Dichtetabelle in [9, S.168], wo angegeben ist:

Sand 1,7 ± 0,3;   Ziegel 1,5 ± 0,1;   Sandstein 2,4 ± 0,1.   (8)

Abb.11: Schwerestörung (Gravimeterkorrektion K)

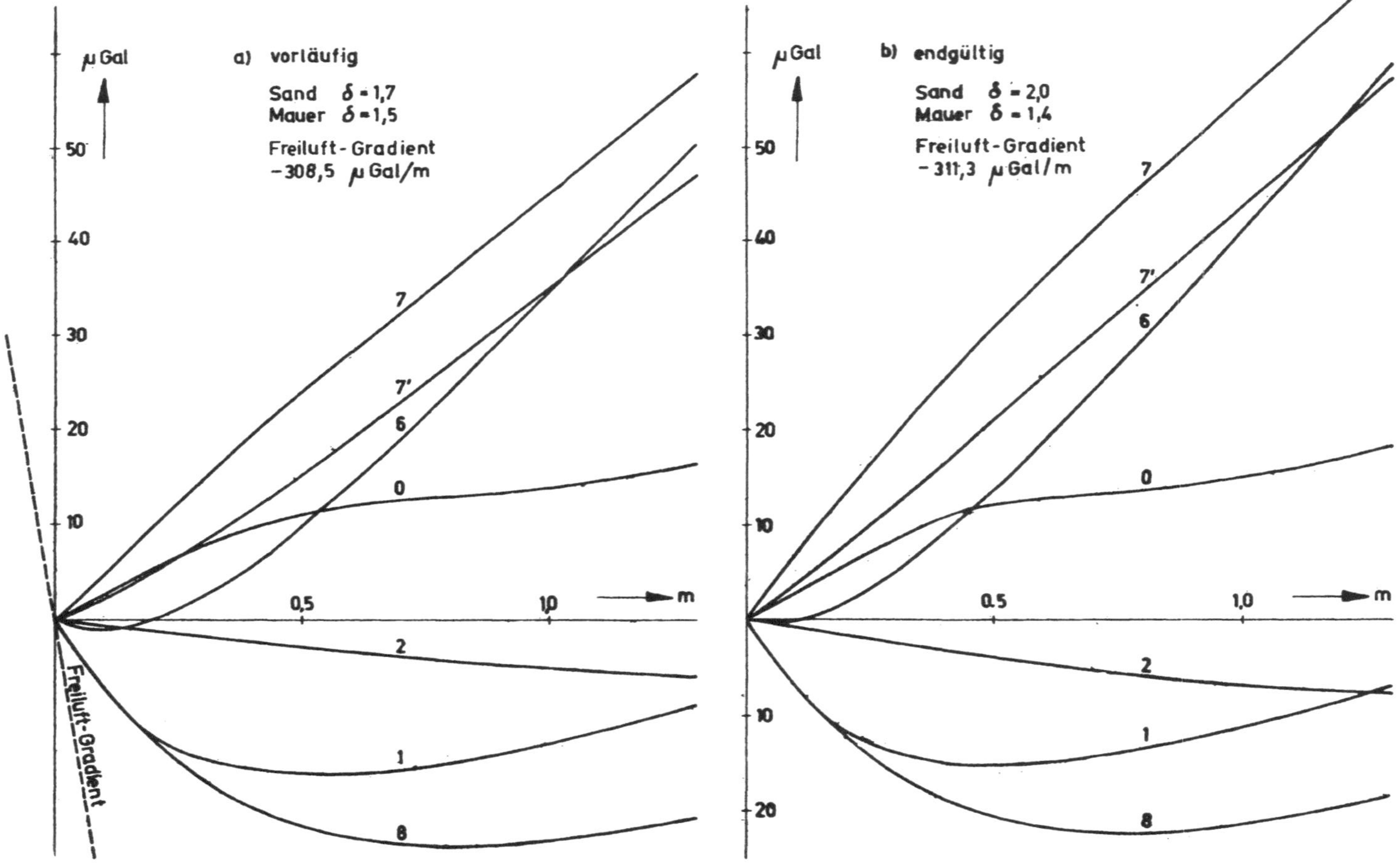

Abb. 12: Gradientenverlauf über den Anschlußpunkten

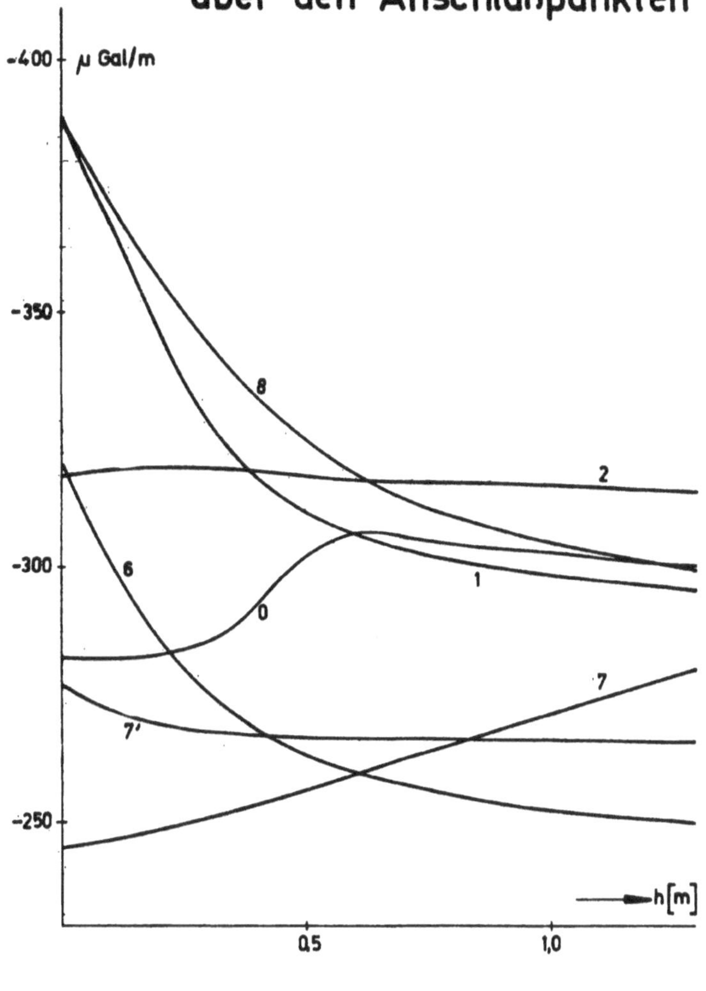

Tabelle 7:

	l_o	hw	l_1	ax	l_2	by	l_3	cz	l_4	hw'	l_5
S2-S1	-33,9	+ 2,8	-31,1	+33,2	+ 2,1	+1,1	+ 3,2	-0,7	+ 2,5	+0,2	+ 2,7
S2-S0	-46,9	+ 4,3	-42,6	+32,5	-10,1	+1,8	- 8,3	-0,6	- 8,9	+0,3	- 8,6
S6-S1	+ 2,2	+ 9,7	+11,9	- 7,6	+ 4,3	+5,1	+ 9,4	-0,6	+ 8,8	+0,8	+ 9,6
S7-S1	+ 0,9	+11,8	+12,7	-14,4	- 1,7	+6,0	+ 4,3	-0,7	+ 3,6	+1,0	+ 4,6
S6-S7	+ 1,3	- 2,1	- 0,8	+ 6,9	+ 6,1	-0,9	+ 5,2	+0,1	+ 5,3	-0,1	+ 5,2
S0-S1	+12,9	- 1,5	+11,4	+ 0,8	+12,2	-0,7	+11,5	-0,1	+11,4	-0,2	+11,2
S7-S0	-12,1	+13,3	+ 1,2	-15,3	-14,1	+6,8	- 7,3	-0,6	- 7,9	+1,1	- 6,8
m	±22,9		±21,4		± 8,56		± 7,55		± 7,52		± 7,50
	[hh] + 65,13		[aa] + 27559		[bb] + 6206,0		[cc] + 288,13		[hh] + 65,13		
	$[hl_o]$ +170,24		$[al_1]$ - 8634,0		$[bl_2]$ + 842,6		$[cl_3]$ - 24,41		$[hl_4]$ + 13,89		
	w - 2,61		x + 0,313		y - 0,136		z + 0,085		u' - 0,21		

c) <u>Endgültige Rechnung</u>

Der vorhandene Spielraum in den Dichtewerten kann genutzt werden, um eine bessere Übereinstimmung zwischen den berechneten und gemessenen Schwereunterschieden zu erzielen.

Da die einzelnen Gravitationsanteile U'_G proportional der Dichte sind, erhält man mit der verbesserten Dichte $\delta + x$ den verbesserten Wert $U_G = U'_G(\delta + x)/\delta$, also eine Verbesserung $x \cdot U'_G/\delta$. Die Einzelwerte U'_G findet man in den Tab. 3(a-f); dabei sind für Sandmassen die Nr. 1 - 18 und Nr. 157, für Massen aus Ziegel die Nr. 19 - 143, Nr. 154, 155 und 158 und für Massen aus Sandstein die Nr. 144 - 153 heranzuziehen. Die Teilsummen am Ende der Tabellen sind für diesen Zweck bereits gebildet. Um die Gravimeter-Korrektion K_h zu umgehen, welche selbst von der Dichte abhängt, ist es zweckmäßig die Werte U'_G nicht bei 0,00, sondern bei der Meßhöhe 0,25 cm zu entnehmen, wozu eine Interpolation zwischen 0,22 und 0,38 verhilft.

Durch eine Verbesserung w des Freiluftgradienten werden die Schwereunterschiede u' um wh, d. h. proportional den Höhenunterschieden geändert.

Eine Verbesserung der Dichte von Sand wirkt sich auch auf den Gradientensprung an der Erdoberfläche aus. Der Schwereunterschied von hier bis zu einem um h[m] darunter gelegenen Punkt ist nämlich

$$U_h = [308{,}5 - w - 4\pi k^2(\delta + x)]\ h = (166{,}0 - w - 83{,}82x)\ h\ \mu\mathrm{Gal}.$$

Eine Änderung x der Dichte σ_1 von Sand bewirkt also im Schwerewert U' eine Verbesserung von

$$\begin{aligned} & x\ U'_G/\sigma_1 && \text{über EE} \\ \text{bzw.}\quad & x\ (U'_G/\sigma_1 - 83{,}82\ h) && \text{unter EE} \end{aligned} \qquad (9a)$$

wobei sich h auf die gleiche Höhe wie U'_G beziehen muß; d. h., h ist um die Meßhöhe des Gravimeters (25 cm) zu verkleinern. Änderungen x bzw. y der Dichten σ_2 von Ziegel bzw. σ_3 von Sandstein haben in U' überall nur Änderungen von

$$y\ U'_G/\ \sigma_2 \qquad \text{bzw.} \qquad z\ U'_G/\ \sigma_3 \qquad (9b)$$

zur Folge. Die Koeffizienten h', a', b', c' von w bzw. x, y, z sind in Tab. 4 eingetragen, woraus sich dann die entsprechenden Koeffizienten h, a, b, c in Tab. 6 ergeben, welche mit w bzw. x, y, z multipliziert und addiert zur Gesamtänderung der berechneten Schwereunterschiede u' führen.

Bei einer Ausgleichung nach der Methode der kleinsten Quadrate ergeben sich aus obigen Werten h, a, b, c, l_0 (Tab. 6 und 7) die Normalkoeffizienten

	h	a	b	c	l
h	+ 65,13	+ 285,06	+ 634,94	+ 120,30	+ 170,24
a		+27558	+3323,6	- 688,6	-7900,4
b			+6206,0	+1147,9	+1456,5
c				+ 288,13	+ 661,1
l					+3669,0

und damit die Unbekannten w = -56,3, x = +0,43, y = +5,20, z = +4,52. Mit diesen Werten erhält man zwar ein Minimum der Fehlerquadratsumme, aber ganz unreale Dichtewerte; auch eine Abweichung von 54,3 µGal/m zwischen dem theoretischen und dem wirklichen Freiluftgradienten ist mehr als unwahrscheinlich. Eine gemeinsame Ausgleichung bei so heterogenen Größen wie Gradient und Dichten ist eben bedenklich - vgl. auch später III,5 -, vor allem, wenn man es nicht mit rein zufälligen Fehlern zu tun hat.

Die Unbekannten w, x, y, z sollen daher getrennt nacheinander bestimmt werden. Zunächst findet man w = - hl_0 / hh ; damit werden die Änderungen hw in der Schweredifferenz u' und die übrig bleibenden Fehler l_1 ermittelt. Nun ergibt sich x = - al_1 / aa . In gleicher Weise folgen schrittweise l_2, y, l_3, z, l_4. Am Schluß wird versucht, noch eine zusätzliche Verbesserung w' abzuleiten - Tab. 7. Vor Festsetzung der endgültigen Werte sei noch eine andere Dichtetabelle zu Rate gezogen, aus der wir entnehmen [10, S.325]:

Sand (nach REICH, 1931):	trocken 1,4 - 1,7	naß 1,7 - 2,3
Boden (nach REICH, 1931), gestampft:	trocken 1,6 - 1,9	naß 1,7 - 2,3
Sandsteine (nach REICH, 1931):	2,65 (2,59 - 2,72)	
Sandsteine (nach JAKOSKY, 1940):	2,0 - 2,6	

Man erkennt daraus, daß die bisher benutzte Dichte 1,7 für Sand offenbar zu niedrig angenommen wurde. Eine eindeutige Bestimmung wäre nur experimentell möglich und wegen der wechselnden Feuchtigkeit sowieso problematisch. Es kann auch gar nicht der Sinn von Gravimetermessungen sein, die Dichte der Massen aus dem Vergleich mit der Gravitationsrechnung genau abzuleiten. Dafür sind die Voraussetzungen wegen der dabei gemachten Vernachlässigungen und Vereinfachungen, z. B. im Geländeaufbau, nicht gegeben. Im Einklang mit dem Ergebnis aus Tab. 7 und den Grenzen in (8) setze ich für die endgültige Rechnung daher fest:

Freiluftgradient -311,3 μGal/m, Dichte von Sand 2,0; Dichte von Ziegel 1,4; Dichte von Sandstein 2,4 (10)

An der Dichte von Sandstein wurde nichts geändert, einmal, weil nur geringfügige Änderungen in u' zu erreichen waren, wie Tab. 7 erkennen läßt, zum anderen, weil Sandstein nicht bei allen fünf Punkten eine Rolle spielt, sondern praktisch nur bei S0 und S1.

4. Ergebnis

a) Gradientenverlauf

Die endgültigen Gravitationskräfte erhält man aus Tab. 3(a-f), indem bei Sandmassen die Zeilen mit 2,0/1,7, bei Ziegelsteinmassen mit 1,4/1,5 multipliziert werden. Ebenso wurde Tab. 8 aus den Teilsummen am Ende der Tab. 3(a-f) gebildet. Bezieht man diese Werte wieder auf die Pfeileroberfläche bzw. bei S7' auf 0,11 m über S7, so erhält man Tab. 9. Da hier nur der Schwereverlauf verzeichnet ist, welcher sich der Freiluftschwere überlagert, muß für die Punkte S6, S7 und S7' der Gradientensprung (7) σ = 167,6 μGal/m entsprechend der endgültig angenommenen Dichte 2,0 für Sand berücksichtigt werden. Der Anteil der einzelnen Baugruppen an diesem Verlauf ist aus Tab. 9 zu ersehen. In Abb. 11b sind die endgültigen Gradientenverhältnisse dargestellt. Wie man durch Vergleich mit Abb. 11a feststellt, hat sich trotz der erheblich geänderten Dichten am Schwereverlauf nichts wesentlich geändert.

Aus dem Schwereverlauf in Abb. 11b kann man den Schweregradienten über den verschiedenen Anschlußpunkten entnehmen. Er wurde in Abb. 12 in Abhängigkeit von der Höhe über diesen Punkten aufgetragen. Man erkennt, daß der Gradient Werte zwischen -245 μGal/m und -380 μGal/m annehmen und von einem einheitlichen Schweregradienten im Institutsgebäude nicht die Rede sein kann. Die kleineren Werte (absolut genommen) treten im Keller auf. Sinnfällig ist der starke Abfall des Gradienten über den frei stehenden Pfeilern (S1, S6, S8), während er sich über den Punkten, welche mit dem Boden in gleicher Höhe liegen (S2, S7') weniger stark ändert oder fast konstant bleibt; insbesondere trifft das für den außerhalb des Instituts im Boden eingebrachten Anschlußpfeiler S2 zu, wo der Gradient nur wenig über dem Freiluftgradienten -311,3 μGal/m liegt.

b) Schwereunterschiede

Die endgültigen Größen U_h, $U = U_h + U_G$ in Tab. 10 werden analog wie bei der vorläufigen Rechnung ermittelt. Nur ist bei S0 der Einfluß A der Platte berücksichtigt worden, die zur Aufstellung des Gravimeters zwischen dem Doppelpfeiler diente und der einfacheren Rechnung wegen als Aluminiumzylinder (Radius r = 35 cm, Dicke d = 0,6 cm, Dichte δ = 2,7) mit darunter geschweißtem Eisenzylinder (r = 6 cm, d = 1,2 cm, δ = 7,7) betrachtet werden soll. Die Anziehung A einer kreisförmigen Platte auf einen Punkt im Abstand a über ihrer Oberflächenmitte ist bekanntlich

$$A = 2\pi k^2 \delta \left[d + \sqrt{r^2 + a^2} - \sqrt{r^2 + (d + a)^2} \right]. \qquad (11)$$

Tabelle 8:

Nr.	Masse	0,00	0,04	0,11	0,22	0,38	0,60	0,89	1,26
a) S0									
1- 4	Gelände	29,18	29,07	28,86	28,56	28,12	27,51	26,73	25,76
5- 18	Baugrube	-229,33	-228,71	-227,64	-225,93	-223,48	-220,13	-215,76	-210,28
19-143	Gebäude	2,66	2,90	3,18	3,73	4,61	5,82	7,52	9,73
144-153	Nahpflr.	14,37	14,82	15,64	16,82	17,67	16,32	12,83	9,35
1-153		-183,12	-181,92	-179,96	-176,82	-173,08	-170,48	-168,68	-165,44
b) S8									
1- 4	Gelände	27,88	27,69	27,36	26,87	26,18	25,24	24,07	22,68
5- 18	Baugrube	-232,29	-231,55	-230,34	-228,28	-225,40	-221,60	-216,68	-210,64
19-143	Gebäude	- 5,52	- 5,44	- 5,27	- 4,91	- 4,42	- 3,58	- 2,18	- 0,15
144-153	Nahpflr.	50,05	46,36	40,54	33,05	25,09	18,11	12,82	9,20
1-153		-159,88	-162,94	-167,71	-173,27	-178,55	-181,83	-181,97	-178,91
c) S1									
1- 4	Gelände	30,81	30,69	30,51	30,18	29,72	29,11	28,29	27,26
5- 18	Baugrube	-236,24	-235,55	-234,40	-232,59	-229,98	-226,39	-221,74	-215,92
19-143	Gebäude	- 4,59	- 4,47	- 4,27	- 3,90	- 3,29	- 2,33	- 0,89	1,08
144-153	Nahpflr.	36,45	32,59	26,95	20,61	15,02	10,91	8,19	6,42
1-153		-173,57	-176,74	-181,21	-185,70	-188,53	-188,70	-186,15	-181,16
d) S2									
1- 4	Gelände	34,62	34,56	34,46	34,28	34,05	33,73	33,29	32,75
5- 18	Baugrube	- 21,27	- 21,73	- 22,49	- 23,66	- 25,34	- 27,45	- 30,02	- 32,86
19-143	Gebäude	- 15,98	- 15,81	- 15,49	- 15,04	- 14,39	- 13,48	- 12,27	- 10,76
1-143		- 2,63	- 2,98	- 3,52	- 4,42	- 5,68	- 7,20	- 9,00	- 10,87
e) S6									
1- 4	Gelände	16,61	16,69	16,81	17,02	17,33	17,79	18,49	19,68
5- 18	Baugrube	98,58	93,47	84,56	70,66	50,54	23,05	- 12,89	- 58,48
19-143	Gebäude	- 64,67	- 64,24	- 63,55	- 62,35	- 60,58	- 58,06	- 54,52	- 49,85
153-158	Nahpflr.	16,98	14,69	11,37	7,67	4,64	2,73	1,78	1,42
1-158		67,50	60,61	49,19	33,00	11,93	- 14,49	- 47,14	- 87,23
159	Platte Gp	0,05	0,06	0,06	0,06	0,07	0,07	0,07	0,07
f) S7									
1- 4	Gelände	12,07	12,08	12,12	12,18	12,25	12,33	12,40	12,34
5- 18	Baugrube	204,15	205,20	205,35	189,92	167,54	136,89	96,79	45,99
19-143	Gebäude	- 77,53	- 77,33	- 76,98	- 76,29	- 75,17	- 73,29	- 70,21	- 65,75
153-158	Nahpflr.	- 4,24	- 9,46	- 17,02	- 13,56	- 9,65	- 6,19	- 3,68	- 1,96
1-158		134,45	130,49	123,47	112,25	94,97	69,74	35,30	- 9,38
159	Platte Gp	- 9,92	- 4,08	10,22	7,21	4,24	2,20	1,11	0,58

- Siehe Nachtrag S.72 -

Tabelle 9:

		0,00	0,04	0,11	0,22	0,38	0,60	0,89	1,26
Freiluftgradient		0	-12,45	-34,24	-68,49	-118,29	-186,78	-277,06	-392,24
S0	Gelände	0	- 0,11	- 0,32	- 0,62	- 1,06	- 1,67	- 2,45	- 3,42
	Baugrube	0	0,62	1,69	3,40	5,85	9,20	13,57	19,05
	Gebäude	0	0,24	0,52	1,07	1,95	3,16	4,86	7,07
	Nahpfeiler	0	0,45	1,27	2,45	3,30	1,95	- 1,54	- 5,02
		0	1,20	3,16	6,30	10,04	12,64	14,44	17,68
S8	Gelände	0	- 0,19	- 0,52	- 1,01	- 1,70	- 2,64	- 3,81	- 5,20
	Baugrube	0	0,74	1,95	4,01	6,89	10,69	15,61	21,65
	Gebäude	0	0,08	0,25	0,61	1,10	1,94	3,34	5,37
	Nahpfeiler	0	- 3,69	- 9,51	-17,00	- 24,96	- 31,94	- 37,23	- 40,85
		0	- 3,06	- 7,83	-13,39	- 18,67	- 21,95	- 22,09	- 19,03
S1	Gelände	0	- 0,12	- 0,30	- 0,63	- 1,09	- 1,70	- 2,52	- 3,55
	Baugrube	0	0,69	1,84	3,65	6,26	9,85	14,50	20,32
	Gebäude	0	0,12	0,32	0,69	1,30	2,26	3,70	5,67
	Nahpfeiler	0	- 3,86	- 9,50	-15,84	- 21,43	- 25,54	- 28,26	- 30,03
		0	- 3,17	- 7,64	-12,13	- 14,96	- 15,13	- 12,58	- 7,59
S2	Gelände	0	- 0,06	- 0,16	- 0,34	- 0,57	- 0,89	- 1,33	- 1,87
	Baugrube	0	- 0,46	- 1,22	- 2,39	- 4,07	- 6,18	- 8,75	- 11,59
	Gebäude	0	0,17	0,49	0,94	1,59	2,50	3,71	5,22
		0	- 0,35	- 0,89	- 1,79	- 3,05	- 4,57	- 6,37	- 8,24
Gradientensprung		0	6,70	18,44	36,87	63,69	100,56	149,16	211,18
S6	Gelände	0	0,08	0,20	0,41	0,72	1,18	1,88	3,07
	Baugrube	0	- 5,11	-14,02	-27,92	- 48,04	- 75,53	-111,47	-157,06
	Gebäude	0	0,43	1,12	2,32	4,09	6,61	10,15	14,82
	Nahpfeiler	0	- 2,29	- 5,61	- 9,31	- 12,34	- 14,25	- 15,20	- 15,56
		0	- 0,19	0,13	2,37	8,12	18,57	34,52	56,45
S7	Gelände	0	0,01	0,05	0,11	0,18	0,26	0,33	0,27
	Baugrube	0	1,05	1,20	-14,23	- 36,61	- 67,26	-107,36	-158,16
	Gebäude	0	0,20	0,55	1,24	2,36	4,24	7,32	11,78
	Nahpfeiler	0	- 5,22	-12,78	- 9,32	- 5,41	- 1,95	0,56	2,28
		0	2,74	7,46	14,67	24,21	35,85	50,01	67,35

		0,00	0,11	0,27	0,49	0,78	1,15
Gradientensprung		0	18,44	45,25	82,12	130,73	192,74
S7'	Gelände	0	0,06	0,13	0,21	0,28	0,16
	Baugrube	0	-15,43	- 37,81	- 68,46	-108,56	-159,36
	Gebäude	0	0,69	1,81	3,69	6,77	11,23
	Nahpfeiler	0	3,46	7,37	10,83	13,34	15,06
	Granitplatte	0	- 3,01	- 5,98	- 8,02	- 9,11	- 9,64
		0	4,21	10,77	20,37	33,45	50,19

Mit c = 25 cm (Meßhöhe) bzw. c = 25,6 cm über der Eisenplatte erhält man A = 0,28 + 0,10 = 0,38 μGal. Dieser Betrag ist unter U in Tab. 10 bei S0 eingetragen und bei den endgültig berechneten Schwereunterschieden u in Tab. 11 berücksichtigt. Die endgültige Gravimeterkorrektion K_h bei h = 25 cm findet man aus Tab. 9 durch Interpolation; man kann aber die Werte K_h oder ΔK mit genügender Genauigkeit der Abb. 11b entnehmen. Die Gegenüberstellung der endgültig korrigierten Meßwerte $\bar{u}$ und der berechneten Werte u in Tab. 11 liefert die Fehler v, die aber nicht den Messungen zuzuschreiben sind, sondern über die Genauigkeit der berechneten Schweredifferenzen eine Aussage machen, die im Mittel ± 7,9 μGal beträgt.

Tabelle 10:

	U_h	U_G	U	K
S0	-638,16	-183,12	A + 0,38 } -821,28	+ 7,00
S8	-460,72	-159,88	-620,60	-
S1	-460,72	-173,57	-634,29	-12,66
S2	-130,75	- 2,63	-133,38	- 2,03
S6	+321,89	+ 67,50	+389,39	+ 3,45
S7	+438,28	+134,45	+572,73	+16,45
S7'	+422,48	+133,69	+556,17	-

Tabelle 11:

	$\bar{u}$	K	u	v
S2-S1	+ 499,2	+10,6	+ 500,9	+ 1,7
S2-S0	+ 697,8	- 9,0	+ 687,5	-10,3
S6-S1	+1014,5	+16,1	+1023,7	+ 9,2
S7-S1	+1202,7	+29,1	+1207,0	+ 4,3
S6-S7	- 188,2	-13,0	- 183,3	+ 4,9
S0-S1	- 198,6	+19,7	- 186,6	+12,0
S7-S0	+1401,1	+ 9,5	+1393,6	- 7,5
			m	± 7,9

c) Schwerewerte

Mit dem Potsdamer Fundamentalwert in S0 und den gemessenen Schweredifferenzen $\bar{u}$ erhält man die Schwere $\bar{g}$ in den Punkten S1, S2, S6 und S7 (Tab. 12). Aber auch mit den berechneten Differenzen u lassen sich die Schwerewerte g in den Punkten S0 bis S7' ermitteln. Dabei braucht der Anschluß im Absolutpunkt S0 nicht fehlerfrei zu sein, sondern kann so bestimmt werden, daß die Unterschiede v gegenüber den als richtig angenommenen $\bar{g}$-Werten im Mittel verschwinden. Aus Tab. 12 ergibt sich ein mittlerer Fehler von ± 4,5 μGal für die aus der Gravitationsrechnung hervorgegangenen Schwerewerte in den gravimetrischen Anschlußpunkten des Geodätischen Instituts. - Siehe Nachtrag S.72 -

Tabelle 12:

	(g)	$\bar{g}$	g	v
	981274 mGal			μGal
S0	+0,00	+0,0000	+0,0065	+6,5
S8	-	-	+0,2068	-
S1	+0,15	+0,1986	+0,1931	-5,5
S2	+0,68	+0,6978	+0,6940	-3,8
S6	(+1,18)	+1,2130	+1,2168	+3,8
S7	+1,41	+1,4011	+1,4001	-1,0
S7'	-	-	+1,3836	-
			m	±4,53

Zum Vergleich sind auch die bisher benutzten Schwerewerte (g) in Tab. 12 angegeben, welche auf etwa 10 Jahre zurückliegenden Beobachtungen / 1,S.208/9 7 mit einem Askaniagravimeter und auf dem Gradienten -0,269 mGal/m beruhen, der auf Messungen zwischen dem Kellerfußboden und S1 (Höhenunterschied 4,83 m) zurückzuführen ist. (g) von S6 kann nicht ohne weiteres mit $\bar{g}$ verglichen werden, da 1958 der Pfeiler S6 um 2 cm abgetragen und eine 7 cm dicke Sandsteinplatte aufgesetzt wurde. Auch sind bei allen (g) keine Gravimeter-Korrektionen (Abb. 11) angebracht. Dadurch würde der zu niedrige Wert (g) von S1, der vor allem auf den zu niedrigen Gradienten -0,269 mGal/m zurückzuführen ist, um etwa 0,02 mGal gehoben. Man vergleiche auch die Überlegungen WOOLLARDS / 4,S.25 7, der für S1 den Schwerewert 981 274,19 mGal errechnete, in bester Übereinstimmung mit $\bar{g}$ und g in Tabelle 12.

5. Bemerkung zum Potsdamer Fundamentalwert

KÜHNEN und FURTWÄNGLER haben seinerzeit den Schwerewert g = 981,274 Gal aus variierten Ausgleichungen ihrer Beobachtungen abgeleitet / 2,S.364-369 7. Dabei wurden eine Verbesserung ΔL für die Länge des Sekundenpendels und mehrere Unbekannte q_i und p, die mit dem elastischen Verhalten von Schneide und Lager zusammenhängen, gleichzeitig bestimmt. Für den Endwert L, der zum Potsdamer Fundamentalwert führte, wurden nur die letzten drei der insgesamt neun Variationen von Ausgleichungen herangezogen. Den dabei erhaltenen Werten für q_i und p konnte man ihre physikalische Realität allerdings nicht so leicht ansehen wie den unmöglichen Dichtewerten y, z in III,3c, wo versucht wurde, Gradienten und Dichten aus einer gemeinsamen Ausgleichung zu ermitteln. Wir wissen aber heute, daß der von KÜHNEN und FURTWÄNGLER berechnete Schwerewert um etwa 13 mGal zu hoch liegt.

Hätte man die von ihnen aufgestellten Normalgleichungen in der gleichen Weise behandelt wie in unserem Falle (III, 3c, Tab. 7), d. h. auf eine gemeinsame Bestimmung von q_i, p und ΔL verzichtet und ΔL als wichtigste Unbekannte nur aus dem entsprechenden konstanten Glied und quadratischen Koeffizienten ermittelt, so wäre man auf den heute als richtig erkannten Wert gekommen. Läßt man ebenfalls die sechs ersten Varianten der Ausgleichungen von KÜHNEN und FURTWÄNGLER außer acht, so ergibt sich nämlich aus den Varianten 6) und 7) der Wert $\Delta L = -8{,}8\mu$, aus den Varianten 8) und 9) der Wert $\Delta L = -4{,}0\mu$, im Mittel also $\Delta L = -6{,}4\mu$. Mit der Korrektion $d\lambda = +1{,}0\mu$ / 2,S.369 m 7 erhält man für die Länge des Sekundenpendels L = 994,2246 mm und den Potsdamer Schwerewert $g = \pi^2 L$ = 981,2603 Gal. Durch die übermäßige Bewertung der elastischen Einflüsse von Schneide und Lager ist offenbar der um 13,7 mGal zu hohe Potsdamer Fundamentalwert entstanden - vergleiche /11/.

6. Genauigkeitsbetrachtungen

Über die Fehler, welche durch Vernachlässigungen von Massen außerhalb des betrachteten Gebiets und auch innerhalb des Gebäudes hervorgerufen werden, wurde bereits gesprochen. Zusammen mit der Unsicherheit der eingesetzten Dichten für Sand, Mauerwerk u. a. begrenzen sie die Genauigkeit, mit der die Schweredifferenzen innerhalb dieses Gebietes aus den von den Massen herrührenden Anziehungskräften berechnet werden können. Die dabei erzielte Genauigkeit von $\pm$ 7,9 μGal im Vergleich mit Gravimetermessungen konnte gar nicht erwartet werden; ebenso überrascht, daß man die Schwere selbst an den gravimetrischen Anschlußpunkten im Zusammenhang mit dem Absolutpunkt durch eine Gravitationsberechnung auf $\pm$ 4,5 μGal genau festlegen konnte.

Die angeführten Fehlerursachen wirken sich auf die Gradientenbestimmung in weit geringerem Maße aus, wie bereits früher auseinandergesetzt wurde. Da sich die Berechnung der Schwereunterschiede so günstig gestaltet hat, können die in Abb. 12 dargestellten Gradientenverhältnisse als sicher gelten.

Wenn sich diese bei kleinen Änderungen der Dichten von Sand und Mauerwerk auch nicht grundlegend ändern, so soll hier doch noch eine Untersuchung darüber angestellt werden, wie weit es berechtigt war, die Lücken, wie Fenster-, Türöffnungen u. dgl. in einem Mauerteil durch entsprechende Herabsetzung seiner Dichte zu berücksichtigen - vgl. III.2d. Zu diesem Zweck sei ein Test an sechs aus Würfeln von 1 m Kantenlänge zusammengesetzten Reihen (I, II, IV, VII, XI, XVI) durchgeführt - Abb.13. Die Anziehungskomponenten a_i senkrecht zur Zeichenebene, welche jeder darauf stehende Würfel auf den Punkt A (in der Zeichenebene) ausübt, sind nach Formel (1) mit k^2 = 10 (Ziegelstein) gerechnet und in Tab. 13 in μGal angegeben, ebenso die Summe S jeder Reihe - bei Reihe I ohne a_1. Entfernt man aus den n Würfeln einer Reihe den Würfel i, so daß die Anziehungskomponente der restlichen Reihe $S-a_i$ beträgt, und setzt dafür entsprechend der Gepflogenheit bei der früheren Festlegung der Dichte von Mauern den Näherungswert $S(n-1)/n$, so ist der begangene Fehler $(S-a_i) - S(n-1)/n$. Ausgedrückt in % des Näherungswertes ergibt die vereinfachte Dichteannahme daher den Fehler

$$100 \left[\frac{n}{n-1} \frac{S-a_i}{S} - 1\right] = \frac{100}{n-1}\left[1 - n\frac{a_i}{S}\right], \qquad (12)$$

der in Abb. 14a aufgetragen ist. Wie erwartet ist der begangene Fehler um so größer, je näher die Mauern an dem angezogenen Punkt A liegen.

In einem zweiten Test sollen die Würfel 1 bis 4 durchweg fortgelassen werden, die Reihen also erst mit Würfel 5 beginnen. Dadurch treten an Stelle von S die viel kleineren Summen S' (Tab. 13) und die in Abb. 14b eingetragenen prozentualen Fehler, die zwar nicht wesentlich kleiner sind als in Abb. 14a, wegen der viel kleineren Anziehung aber eine wesentlich geringere Rolle spielen. Es empfiehlt sich jedenfalls, in der Nähe des Aufpunktes (A) die Massen exakt zu erfassen und erst in größerer Entfernung, etwa 4 m davon, Vernachlässigungen bzw. vereinfachte Dichteannahmen zu machen.

Abb. 13: Test mit Würfelreihen

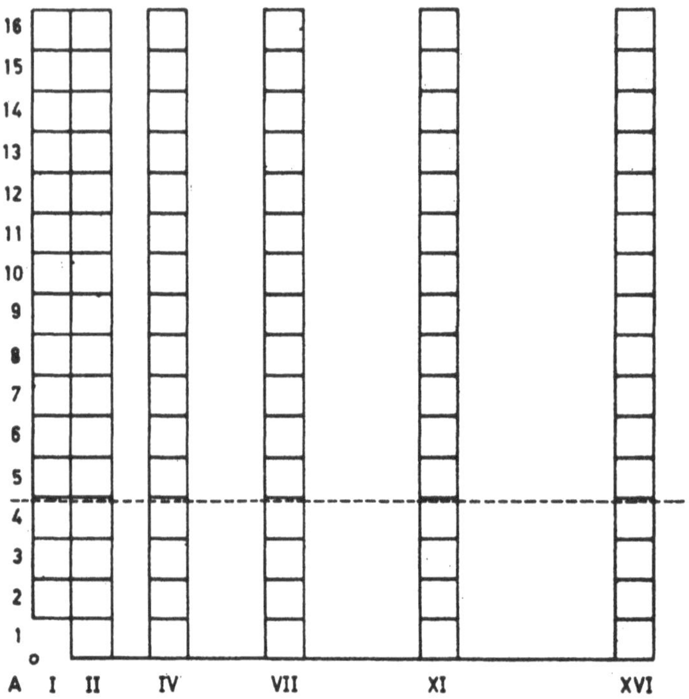

Tabelle 13:

	I	II	IV	VII	XI	XVI
1	9,69388	1,08160	0,10970	0,01789	0,00429	0,00134
2	1,08160	48206	8821	1670	418	132
3	28408	19297	6157	1469	396	129
4	10970	8821	4060	1234	368	124
5	5287	4606	2668	1006	334	119
6	2932	2667	1789	806	299	112
7	1789	1670	1234	641	265	105
8	1170	1110	877	509	232	98
9	806	774	641	407	202	90
10	578	560	480	327	176	83
11	429	418	368	265	152	76
12	327	320	287	216	132	70
13	255	250	228	178	115	63
14	202	199	184	148	100	58
15	163	161	150	124	87	52
16	134	132	124	105	76	47
S	1,61610	1,97352	0,39039	0,10895	0,03782	0,01493
S'	0,14072	0,12868	0,09031	0,04733	0,02171	0,00974

Schließlich muß noch darauf hingewiesen werden, daß die Kenntnis und Einhaltung der genauen Höhen für die berechneten bzw. gemessenen Schwereunterschiede von beachtlicher Bedeutung sind. Hier waren die Höhen der gravimetrischen Anschlußpunkte nur mit cm-Genauigkeit angegeben. Ein Fehler von ± 5 mm in der Pfeilerhöhe oder eine Änderung in der Stellung der Fußschrauben des Gravimeters um 1 cm zwischen den Aufstellungen bringt bereits eine Unsicherheit von 2 - 3 μGal in der Schweredifferenz wegen des Freiluftgradienten. Bei sehr genauen Schwereübertragungen empfiehlt es sich daher, Bolzen mit genau bekannten Höhen an den Pfeilern zu haben und geeignete Punkte an den Meßgeräten dagegen einzunivellieren.

S c h l u ß w o r t

Das in III.1 gesteckte Ziel dieser Arbeit wurde erreicht. Die Schweregradienten über sieben gravimetrischen Anschlußpunkten konnten sicher bestimmt werden. Es ist sogar gelungen, die Schweredifferenzen zwischen ihnen mit einer Genauigkeit besser als ± 0,01 mGal zu berechnen.

Für die Erledigung der umfangreichen Rechnungen im Rechenzentrum der Sternwarte Babelsberg und die erforderliche Programmierung habe ich vor allem dem wissenschaftlichen Mitarbeiter G. HIRSCH zu danken. Die Reinschrift des Manuskriptes und der zahlreichen Tabellen für den Offsetdruck hat dankenswerterweise Frau Hoffmann erledigt; die Zeichnungen wurden von Fräulein U. Schmidt am Geodätischen Institut angefertigt. Beim Korrekturlesen der Tabellen unterstützten mich Fräulein D. Arnoldt und Herr G. Beerbaum.

Abb. 14: Test mit einem herausgenommenen Würfel i

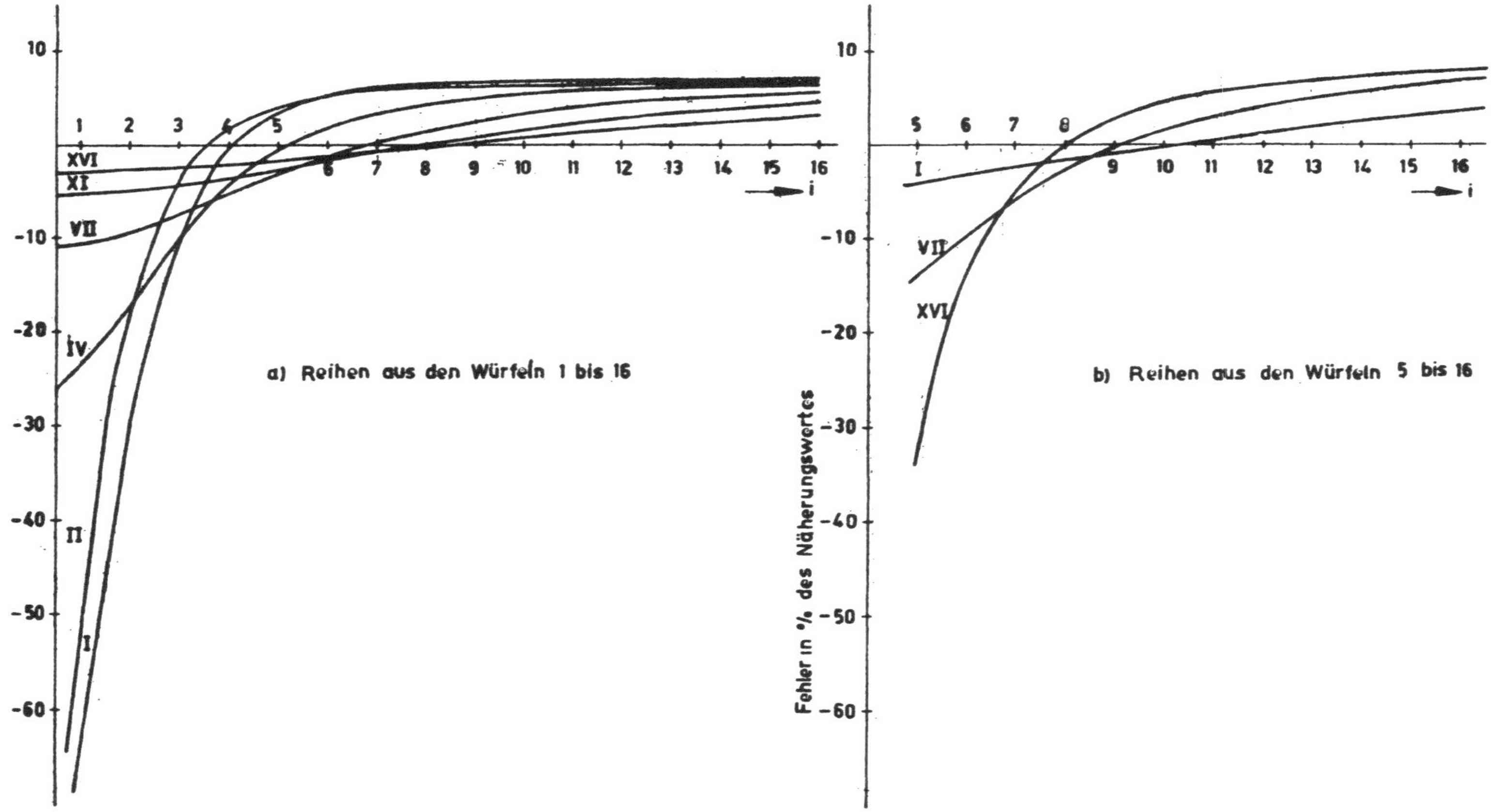

L i t e r a t u r v e r z e i c h n i s

/1/ REICHENEDER, K.: Zur Definition des Potsdamer Schweresystems. Vermess. Techn. 7 (1959), p. 205 - 209

/2/ KÜHNEN, F., und FURTWÄNGLER, P.: Bestimmung der absoluten Größe der Schwerkraft zu Potsdam mit Reversionspendeln. Veröff. d. Kgl. preuß. Geod. Inst. NF No. 27, Berlin 1906

/3/ Bull. Géod. Nr. 56 (1960), p. 154/5 und Chron. de l'UGGI Nr. 29 (1960), p. 114, Resolution Nr. 6

/4/ WOOLLARD, G.: An evaluation of the Potsdam datum. Hawai Inst. of Geophys., Scient. Rep. Nr. 1 (1963)

/5/ REICHENEDER, K.: About the influence of the height of the measuring system in a gravimeter. Vorgel. a. d. Tagung d. Int. Gravim. Komm. 1965 in Paris. deutsch: Über den Einfluß der Höhe des Meßsystems im Gravimeter. Gerl. Beitr. z. Geophys. 75 (1966), p. 179 - 183

/6/ MADER, K.: Das NEWTONsche Raumpotential prismatischer Körper und seine Ableitungen bis zur 3. Ordnung. Oesterr. Ztschr. f. Vermess. wes. Sonderheft 11 (1951)

/7/ REICHENEDER, K.: Bemerkung zur Formel von MADER für die Schwerewirkung eines Quaders. Gerl. Beitr. z. Geophys. 74 (1965), p. 285/6

/8/ HELMERT, R.: Die mathematischen und physikalischen Theorien der höheren Geodäsie, II. Tl. Teubner, Leipzig 1884

/9/ F. G. GAUSS, fünfstellige vollständige logarithmische und trigonometrische Tafeln, neu herausgeg. von J. GOBBIN, 261.-270. Aufl., Stuttgart 1935

/10/ LANDOLT-BÖRNSTEIN: Zahlenwerte und Funktionen, III Bd. Astronomie und Geophysik, Verlag Springer 1952

/11/ Berroth, A., Das Fundamentalsystem der Schwere im Lichte neuer Reversionspendelmessungen. Bull.geod.Nr.12, 1949, S.183-204

N a c h t r a g

Bei den inzwischen abgeschlossenen Gravitationsberechnungen war der Einfluß des Pfeilers S2, dessen Ausmaße nicht genau bekannt sind, außer Acht gelassen. Obwohl er im Erdboden liegt und daher nur der geringe Dichteunterschied gegenüber Sand zur Geltung kommt, ist die Vernachlässigung seiner Anziehung auf S2 nicht gerechtfertigt. An seiner Stelle betrachten wir der Einfachheit halber einen Zylinder aus Beton ($r = 0{,}5$ m, $d = 0{,}9$ m, $\delta = 0{,}2$) und einen darüber gelegten Zylinder aus Granit ($r = 4$ m, $d = 0{,}1$ m, $\delta = 0{,}8$). Durch den Radius von 4 m soll gleichzeitig die Pflasterung des Hofes berücksichtigt werden. Bei den -Werten handelt es sich um die Unterschiede gegenüber der Sanddichte 2,0. Die Gravitation der beiden Zylinder wurde nach Formel (11) berechnet, wieder für verschiedene Höhen über Pfeileroberfläche (= Boden).

Anziehung in μGal auf S2 + ... [m]

Höhe [m]	0,00	0,04	0,11	0,22	0,38	0,60	0,89	1,26
Beton-Zylinder	2,45	2,22	1,88	1,47	1,05	0,70	0,45	0,29
Granit-Zylinder	3,31	3,28	3,22	3,12	2,99	2,82	2,58	2,31
S2 u.Pflaster	5,76	5,50	5,10	4,59	4,04	3,52	3,03	2,60

Diese Werte zur Summe der Anziehungskräfte auf S2 in Tab.8 addiert, ergeben:

Ges. Anz.	3,13	2,52	1,58	0,17	-1,64	-3,68	-5,97	-8,27
Verl.üb. S2	0,00	-0,61	-1,55	-2,96	-4,77	-6,81	-9,10	-11,40

Der Gradient über S2 wird also etwas größer (absolut). Ohne auf weitere Auswirkungen im einzelnen einzugehen, ersieht man aus Tab. 12, daß der um 5,8 μGal verbesserte Schwerewert g = 981 274,6997 mGal in S2 sich günstig auswirkt. Der mittlere Fehler geht auf $\pm$ 4,1 μGal herab.

Der Gravitations-Effekt der im Erdboden eingebetteten Pfeiler ist wegen des geringen Dichteunterschieds klein. Aus gleichem Grunde wirken sich aber Dichteänderungen des Bodens, etwa wegen Feuchtigkeit, relativ stark aus. Benutzt man beispielsweise in II,1 statt der Dichte 1,7 von Sand, welcher den Pfeiler B (Abb.1) umgibt, die später angenommene Dichte 2,0, so müßten die in Abb.4 eingetragenen Gravitationskräfte über B mit 0,2/0,5 multipliziert werden, d.h. sich auf weniger als die Hälfte verringern.

FSC
www.fsc.org
MIX
Papier | Fördert
gute Waldnutzung
FSC® C083411

Kolibri 360 GmbH
Ferdinand-Jühlke-Straße 7
99095 Erfurt, Deutschland
produktsicherheit@kolibri360.de